Obstgehölze
schneiden

MARTIN STANGL

Obstgehölze
schneiden

Die richtigen Techniken

Was Sie in diesem Buch finden

Rund um den Obstbaumschnitt 6

Warum schneiden wir Obstbäume? 8
Gesetzmäßigkeiten für den Obstbaumschnitt 12
Die verschiedenen Ast- und Triebformen 15
Schnitthilfen 23
Schneiden, Sägen, Wundbehandlung 26
Schnittwerkzeuge und Hilfsmittel 31

Schnitt bei Apfel und Birne 34

Hochstamm, Halbstamm und Buschbaum 36
Der Pflanzschnitt 36 | Der Erziehungsschnitt 39 | Der Sommerschnitt 43
Der Instandhaltungsschnitt 45
Das Auslichten älterer ungepflegter Bäume 49 | Das Verjüngen 51
Die Nachbehandlung ausgelichteter oder verjüngter Bäume 55 | Spindelbusch 57 | Der Pflanzschnitt 58
Der Erziehungsschnitt 61 | Instandhaltungsschnitt 61 | Das Verjüngen 63
Abhilfe bei fehlerhafter Pflanzung 63

Obsthecke 64
Eine Obsthecke ziehen 65

Apfel- und Birnenspalier 67
Das locker aufgebaute Spalier 67
Das Fächerspalier 68 | Das streng gezogene Spalier (Formspalier) 68

Schnitt bei Zwetsche und Pflaume 74

Halbstamm und Buschbaum 76
Pflanz- und Erziehungsschnitt 77
Instandhaltungsschnitt 80
Das Auslichten älterer, ungepflegter Bäume 82

Schnitt bei Süß- und Sauerkirsche 84

Süßkirsche 86
Sauerkirsche 89

Schnitt anderer Obstbaumarten 96

Pfirsich 98
Aprikose 102
Quitte 103
Walnuss 104
Haselnuss 106

Schnitt beim Strauchbeerenobst 108

Beerensträucher richtig pflegen 110
Johannisbeere 111
Jostabeere 115
Stachelbeere 116
Himbeere 118
Brombeere 120
Gartenheidelbeere 122
Kiwi 123

Anhang
Adressen, die Ihnen weiterhelfen 124
Stichwortverzeichnis 125

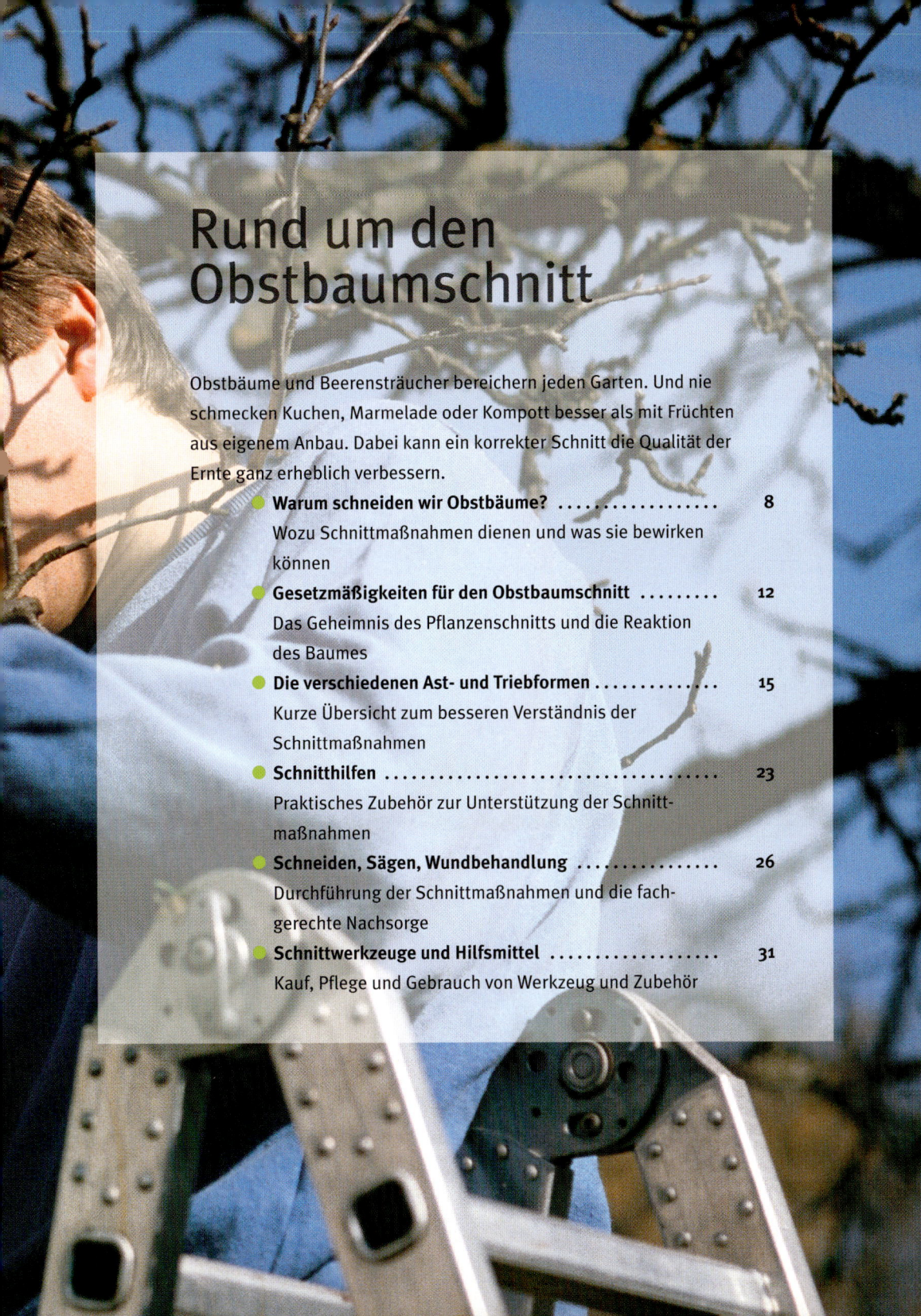

Rund um den Obstbaumschnitt

Obstbäume und Beerensträucher bereichern jeden Garten. Und nie schmecken Kuchen, Marmelade oder Kompott besser als mit Früchten aus eigenem Anbau. Dabei kann ein korrekter Schnitt die Qualität der Ernte ganz erheblich verbessern.

Warum schneiden wir Obstbäume? 8
Wozu Schnittmaßnahmen dienen und was sie bewirken können

Gesetzmäßigkeiten für den Obstbaumschnitt 12
Das Geheimnis des Pflanzenschnitts und die Reaktion des Baumes

Die verschiedenen Ast- und Triebformen 15
Kurze Übersicht zum besseren Verständnis der Schnittmaßnahmen

Schnitthilfen 23
Praktisches Zubehör zur Unterstützung der Schnitt- maßnahmen

Schneiden, Sägen, Wundbehandlung 26
Durchführung der Schnittmaßnahmen und die fach- gerechte Nachsorge

Schnittwerkzeuge und Hilfsmittel 31
Kauf, Pflege und Gebrauch von Werkzeug und Zubehör

Warum schneiden wir Obstbäume?

Kann man Obstbäume nicht wachsen lassen, so wie andere Gehölze in der freien Natur? Sicher, man kann. Bäume, die nicht geschnitten werden, tragen meist sogar früher, manchmal schon im Jahr nach der Pflanzung. Doch die Kehrseite der Medaille macht sich rasch bemerkbar: Solche Bäume erschöpfen sich bald unter der Last der Früchte, die

Aus dem Buch allein und theoretisch lässt sich der Obstbaumschnitt nicht erlernen. Praktische Kurse gehören dazu.

Zweige hängen nach unten, der Neutrieb bleibt schwach, es entsteht eine zu dichte Krone, Blätter und Früchte werden stark von Pilzkrankheiten befallen.

Durch richtigen Schnitt von der Pflanzung an bleibt der Baum dagegen zeitlebens licht. In einer gut aufgebauten Krone entwickelt sich das Fruchtholz entlang des Stammes und der Äste bis unten hin und nicht nur weit oben wie bei einem ungeschnittenen Obstbaum. Nicht geschnittene Bäume tragen meist recht unregelmäßig; in dem einen Jahr gibt es eine Massenernte, man weiß nicht mehr, wohin mit dem vielen Obst, in dem darauf folgenden Jahr ernten wir vielfach überhaupt nichts.

Hinzu kommt, dass in nicht geschnittenen Bäumen die Früchte klein bleiben; sie bekommen wegen des Schattens wenig Farbe, schmecken säuerlich und sind ärmer an Fruchtzucker, Vitaminen, sortentypischen Aromen und anderen wertvollen Inhaltsstoffen als solche, die sich in vollem Sonnenlicht entwickeln konnten.

Bäume ohne Schnitt wachsen vielfach zu sehr in die Höhe. Alle Pflegemaßnahmen werden dadurch erschwert, vor allem die Ernte. Wir brauchen dazu eine hohe Leiter, die Arbeit wird gefährlich. Sollte eine Pflanzenschutzmaßnahme nötig werden, so ist diese bei einer hohen Krone im Haus- und Kleingarten kaum durchführbar, zumal solch ein Baum auch meist so dicht ist, dass Blätter und Früchte nicht gleichmäßig benetzt werden können.

Bessere Qualität

Und damit kommen wir zu einem wichtigen Punkt, der ebenfalls für den Obstbaumschnitt spricht. Richtig geschnittene Bäume bleiben sichtbar gesünder als unbehandelte, oder anders gesagt: Zu dichte Baumkronen werden stärker von Pilzkrankheiten befallen als licht gehaltene.

Der Grund ist folgender: Die Blätter bleiben nach Regenfällen länger feucht, und nachdem die mikroskopisch kleinen Pilze (ähnlich wie die Waldpilze) zu ihrer Entwicklung Wärme und Feuchtigkeit benötigen, kommt es in dichten Kronen zu verstärktem Befall durch Pilzkrankheiten (Schorf u. a.). Obstbaumschnitt fördert also die Fruchtqualität und gesundes Blattwerk, er ist vorbeugender Pflanzenschutz. Neben Sortenwahl, ausreichenden Pflanzabständen und einigen Pflegearbeiten trägt der richtige Schnitt entscheidend dazu bei, dass unsere Obstbäume auch ohne bzw. mit nur wenigen Spritzungen weitgehend gesund bleiben.

Ohne Pflanzschnitt trägt der Baum zu früh, die Entwicklung eines kräftigen Kronengerüstes unterbleibt. Rechts: Junge Baumkrone nach richtigem Pflanzschnitt.

Ein Gegenbeispiel: Stummelschnitt, wie er leider sehr häufig in Gärten zu sehen ist. Die Folge: starker Austrieb zahlreicher Holztriebe, aber keine Früchte.

Ein vorbildlich aufgebauter Apfel-Buschbaum, mit wenigen Leit- und Seitenästen, an denen sich das gut belichtete Fruchtholz befindet; es reicht bis unten an den Stamm hin.

In zu dichten Kronen bleiben Blätter und Früchte nach Regen lange feucht; es kommt zu starkem Schorfbefall.

Kein Wundermittel

Trotz all der genannten Vorzüge wäre es aber falsch, Wunder zu erwarten. Wir müssen den Schnitt als eine zwar sehr wichtige Arbeit im Obstgarten sehen, aber als eine unter anderen. Pflanzen wir z. B. eine sehr schorfempfindliche Sorte, so wird auch ein gekonnter Schnitt nicht ganz verhindern, dass Blätter und Früchte Schorfflecken bekommen.

Mein Rat

Besuchen Sie im Winter einen praktischen Kurs über Obstbaumschnitt! Sie werden dann die folgenden Seiten noch besser verstehen und sicherer werden im Umgang mit Obstbäumen. Solche Kurse werden von Volkshochschulen, Obst- und Gartenbauvereinen sowie Siedler- und Kleingärtnervereinen angeboten.

Das Gleiche gilt, wenn Obstbäume zu eng gepflanzt werden. Sie suchen dann nach Licht, wachsen trotz Schnitt in die Höhe und werden häufiger unter Pilzkrankheiten zu leiden haben.

Auch der Ertrag wird durch den Schnitt nicht erhöht, wie manchmal angenommen wird. Das Gegenteil trifft zu. Was allerdings die Fruchtqualität betrifft – und auf diese kommt es uns ja schließlich in erster Linie an –, so wird diese ganz entscheidend verbessert. Mancher Gartenfreund meint, zu eng gepflanzte, stark wachsende Bäume bremsen zu

Äpfel der Frühsorte 'Mantet', alle vom gleichen Baum! Die unteren, grünen Früchte stammen aus dem Inneren einer zu dichten Krone.

Goldgelb leuchten die Früchte der 'Ananasrenette' in der Herbstsonne. Solche Qualität bekommen wir nur von licht gehaltenen Bäumen.

können, indem er Triebe und Äste einkürzt, und ist dann enttäuscht, wenn diese umso stärker austreiben. Rückschnitt ist in diesem Fall der falsche Weg. Eine dauerhafte Lösung gibt es oft nur, wenn jeder Zweite der zu eng gepflanzten Bäume gerodet wird und man die Kronen der verbleibenden zudem kräftig auslichtet. Allerdings ist es auch in diesem Fall nicht einfach, das Ziel jeder Schnittmaßnahme, den ruhigen Baum mit ausgewogenen Verhältnis zwischen Neuzuwachs und Blütenansatz zu erreichen.

Wie bei der Erziehung neu gepflanzter Obstbäume erfordert dies nicht nur eine grundlegende Kenntnis über die Wirkung der verschiedenen Schnittmaßnahmen im Winter oder Sommer, sondern auch die Beobachtung der Bäume und der von Unterlage und Sorte abhängenden Reaktion auf jeden Eingriff. Aber selbst innerhalb einer Sorte schwankt der Platzbedarf erheblich. So benötigen die schorfresistente Apfelsorte 'Rewena' auf einer schwach wachsenden Unterlage 2–3 m Standraum, auf einer mittelstark wachsenden Wurzelsorte jedoch 6–7 m. Neuere Sorten wie 'Santana' bilden wenige, breit ausladende Seitenäste, 'Rebella' wächst von Natur aus spindelförmig und verzweigt sich üppig. Deshalb sollte man sich Zeit nehmen und die entsprechenden Hinweise in der Sortenbeschreibung sorgfältig studieren – und zwar bevor man die Schere ansetzt.

Gesetzmäßigkeiten für den Obstbaumschnitt

Obwohl sich jeder Obstbaum anders entwickelt, also einmalig ist, gibt es doch Gesetzmäßigkeiten, die für alle Obstarten und
Baumformen zutreffen. Wir sollten sie kennen, bevor wir mit der Arbeit beginnen, denn
der Schnitt ist nur dann richtig, wenn er diesen Wachstumsgesetzen nicht zuwiderläuft.
Zumindest eines davon ist uns allen bekannt:
das Streben jeder Pflanze nach Licht. Triebe,
die zu wenig Licht
bekommen, verküm-
mern einschließlich
der daran befind-
lichen Blätter und
Früchte.

Spitzenförderung

Immer treibt diejenige Knospe am stärksten
und steilsten aus, die sich an der höchsten
Stelle eines Triebes befindet. Die Neutriebbildung ist deshalb im oberen Teil eines aufrecht
stehenden Triebes am stärksten. Tiefer stehende Triebe, besonders im unteren Teil der
Krone, bekommen weniger Licht und Nährstoffe; sie verkümmern allmählich und bringen Früchte von minderer Qualität.

Oberseitenförderung

Bei einem waagrechten Trieb sind die Knospen auf der Oberseite begünstigt. Auf der
ganzen Länge des Triebes bilden sich nach
oben gerichtete schwa-
che, kurze Triebe, die oft
bald zu Fruchtholz wer-
den und Blütenknospen
ansetzen.
Diese Gesetzmäßigkeit
nützen wir aus und bin-
den in jungen Kronen all
diejenigen Triebe waag-
recht, die zum Kronenauf-
bau nicht benötigt wer-
den – vorausgesetzt, sie
haben genügend Platz
und beengen sich nicht
gegenseitig. So gibt es
rasch die ersten Früchte.

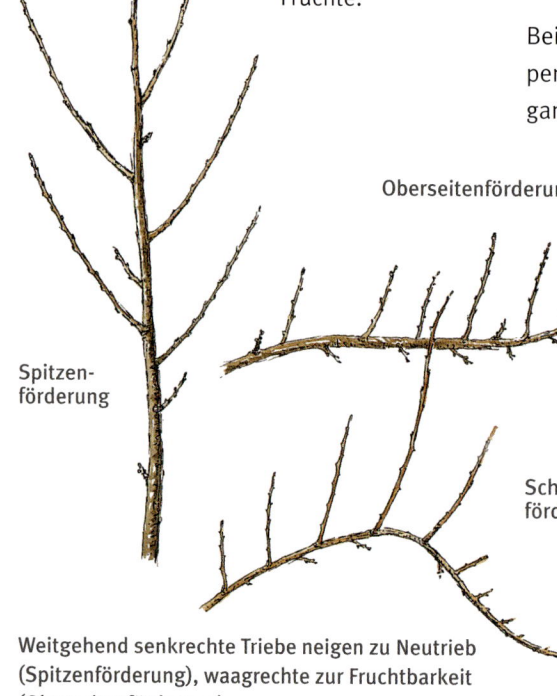

Oberseitenförderung

Spitzen-
förderung

Scheitelpunkt-
förderung

Weitgehend senkrechte Triebe neigen zu Neutrieb
(Spitzenförderung), waagrechte zur Fruchtbarkeit
(Oberseitenförderung).

Links: Jungbaum vor dem Pflanzschnitt. Mitte: Schwacher Rückschnitt hat schwachen, kräftiger Rückschnitt hat kräftigen Austrieb (rechts) zur Folge. Wir bekommen dadurch von Anfang an ein Kronengerüst mit stabilen Ästen.

An der Spitze, also aus der End- oder Terminalknospe, wächst ein in waagrechter Stellung befindlicher Trieb dagegen nur geringfügig weiter.

Scheitelpunktförderung

Unter der Last eines reichen Fruchtbehangs biegen sich die Triebe oder Äste meist stark nach unten. Am höchsten Punkt des Astes, also an dessen Scheitel, bilden sich dann in der Folge Jungtriebe, sogenannte Reiter oder Ständertriebe. Der stärkste dieser Triebe, der sich oben auf dem Zweigbogen entwickelt, hemmt die anderen Zweige in ihrer Entwicklung und kann zur Verjüngung des Fruchtastes verwendet werden. Das heißt, wir setzen den abgetragenen Ast auf diesen oder eventuell einen der nebenstehenden Ständertriebe ab.

Reaktion des Baumes auf den Schnitt

Durch einen **starken Rückschnitt** von Trieben und Ästen bleibt nur eine verhältnismäßig geringe Zahl von Knospen übrig; es entstehen dann wenige, aber kräftige neue Triebe. Diese Gesetzmäßigkeit machen wir uns beim Pflanzschnitt sowie beim Verjüngen älterer Obstbäume zunutze.

Auf einen **schwachen Rückschnitt** reagiert der Baum dagegen mit vielen, dafür aber verhältnismäßig schwachen neuen Trieben.

Mit anderen Worten: Schwacher Rückschnitt fördert die Bildung von Fruchtholz und verhindert die Entwicklung starker Holztriebe.

Eine Umkehrung dieser Gesetzmäßigkeit tritt ein, wenn wir innerhalb derselben Krone einen Teil der Zweige stark, den anderen Teil dagegen schwach zurückschneiden.

In diesem Fall überwiegt die Spitzenförderung: Die Triebe des schwach zurückgeschnittenen

Kronenteils werden – weil länger – auf Kosten des stark zurückgeschnittenen im Wuchs gefördert, vor allem auch, weil die Knospen zur Spitze hin wesentlich besser ausgebildet sind.

Die Schnittgesetze in der Praxis

Welche Bedeutung diese Gesetzmäßigkeiten für die praktische Arbeit haben, davon mehr in den folgenden Abschnitten.

Hier nur so viel: Beim Aufbau einer jungen Baumkrone schneiden wir nur die Stammverlängerung sowie die Verlängerungen von Leit- und Seitenästen zurück. Alle übrigen Triebe werden entweder an der Ansatzstelle ganz entfernt oder unbehandelt belassen. Durch den Rückschnitt der oben genannten Triebe wird die Neutriebbildung angeregt.

Wir erreichen durch richtigen Rückschnitt eine kräftige Fortsetzung der Stammverlängerung, der Leit- und Seitenäste sowie einen schwächeren Austrieb (Fruchtholz) der übrigen Knospen.

Durch den ab der Pflanzung beginnenden Rückschnitt entsteht ein kräftiges Kronengerüst, das in der Lage ist, später einmal den Fruchtbehang zu tragen. Außerdem wird erreicht, dass der Baum nicht zu sehr in die Höhe, sondern auch in die Breite wächst.

1 Durch das Einkürzen des Mitteltriebs wird die Verzweigung der Seitentriebe angeregt, dadurch wird die Krone dichter, der Baum wächst jedoch zunächst unruhiger.

2 Ein Verzicht auf den Rückschnitt des Mitteltriebes kann das Wachstum bei sich stark verzweigenden Sorten vorübergehend beruhigen.

Die verschiedenen Ast- und Triebformen

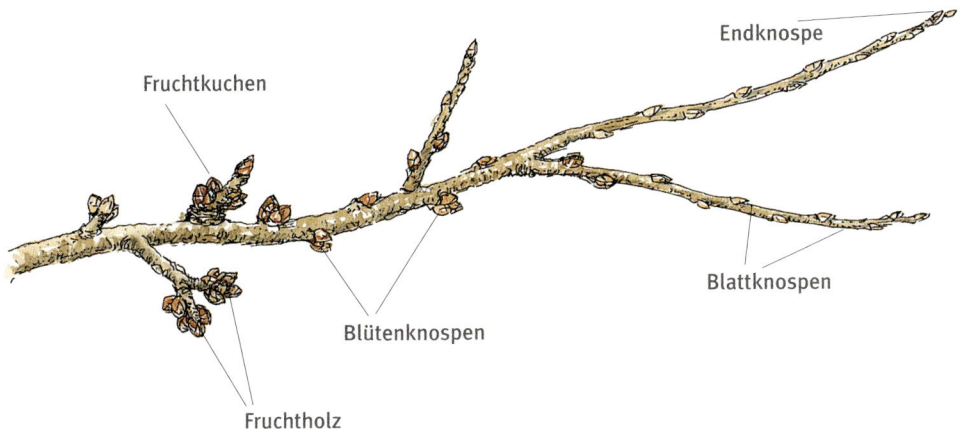

Endknospe

Fruchtkuchen

Blattknospen

Blütenknospen

Fruchtholz

Damit die **Fachausdrücke** auf den folgenden Seiten verständlich sind, sollen sie hier kurz erklärt werden. Auch ist es wichtig, den Unterschied zwischen Fruchtholz und Holztrieben zu kennen, da sonst beim Schnitt allzu leicht das Falsche entfernt wird und wir vergeblich auf eine Ernte warten.

In lichten Baumkronen bleiben die Früchte weitgehend gesund, Farbe und Aroma werden verbessert.

Der junge Obstbaum, so wie wir ihn in der Baumschule kaufen, besteht aus einem Stamm und mehreren Trieben. Die **Stammhöhe** (siehe Seite 36) wird bereits in der Baumschule festgelegt, wir können wählen zwischen Hochstamm, Halbstamm usw. Nach der Pflanzung im Garten beginnt der zweckmäßige Aufbau der jungen Krone, wobei wir bei fast allen Obstarten und Baumformen die Pyramidenkrone bevorzugen. Sie ist naturgemäß und sieht hübscher aus als etwa eine Hohlkrone.

Kronengerüst

Beginnend mit dem Pflanzschnitt bauen wir ein kräftiges Kronengerüst auf. Es besteht aus der Mitte, also Stamm bzw. Stammverlängerung, 3–4 Leitästen und einigen Seitenästen, die wir locker gestreut an den Leitästen entstehen lassen. Entlang dieser kräftigen Teile

Äpfel und Birnen blühen vorwiegend entlang zweijähriger Triebe. Der letztjährige Trieb bringt nur Blätter.

Mein Rat

Beim Erziehungsschnitt kürzen wir lediglich die Verlängerungen von Stamm, Leit- und Seitenästen ein. Alle übrigen Triebe werden entweder ganz entfernt bzw. bleiben ohne Schnitt, wenn sie weitgehend waagrecht wachsen oder bereits zu Fruchtholz geworden sind.

kommt es bei richtigem Schnitt zur Bildung von **Fruchtästen** und kurzem **Fruchtholz**.

Fruchtholz beim Kernobst

Am meist kurzen Fruchtholz befinden sich Blütenknospen. Dies gilt für Apfel und Birne, während bei vielen Steinobstarten Blatt- und Blütenknospen gemeinsam auch auf längeren einjährigen Trieben sitzen. Auch bei einigen Apfelsorten wie 'Jonagold', 'James Grieve', 'Prinz Albrecht von Preußen' u. a. können wir dies beobachten.

Beim Fruchtholz unterscheiden wir:

- **Fruchtruten:** schwache, etwa 10–30 cm lange Triebe, die beim Kernobst zunächst nur an den Spitzen Blüten und Früchte bilden. Darauf sollte z. B. beim Formbaumschnitt Rücksicht genommen werden.
- **Fruchtspieße:** nur etwa 5–10 cm lange Triebe, an deren Ende sich meist eine Blütenknospe befindet. Eine eventuell vorhandene Blattknospe verwandelt sich früher oder später in eine Blütenknospe.
- **Ringelspieße:** sehr kurze, meist weniger als 5 cm lange Triebe, die jedes Jahr nur geringfügig wachsen und deshalb geringelt erscheinen. Im Sommer befindet sich am Ende eines solchen Spießes eine Blattrosette, bestehend aus 3–8 Blättern. Die Endknospe entwickelt sich wie beim Fruchtspieß bei günstigen Ernährungsverhältnissen schon im ersten Jahr zu einer Blütenknospe. Zu dicht stehendes Fruchtholz an älteren Bäumen auslichten oder

Ideal aufgebaute Krone (Apfel-Halbstamm) mit drei kräftigen, gut verteilten Leitästen, an denen sich locker gestreut Seiten- und Fruchtäste befinden. Das gesamte Astgerüst ist mit reichlich Fruchtholz garniert. Licht und Sonne können bis ins Kroneninnere dringen, die Früchte bleiben weitgehend gesund und sind sortentypisch gefärbt.

verjüngen! Das fördert Neutrieb und sorgt für bessere Fruchtqualität.

- **Fruchtkuchen:** mehr oder weniger stark ausgeprägte Verdickungen. Sie entstehen an der Stelle, an der die Fruchtstiele am Fruchtholz gehangen haben, sind also keine krankhafte Erscheinung. Auf den Fruchtkuchen bilden sich bevorzugt wieder neue Blütenknospen.

Fruchtholz beim Steinobst

Beim Steinobst entstehen Blütenknospen bevorzugt an einjährigen Trieben, die Endknospe ist jedoch stets eine Holzknospe. Besonders bei Sauerkirschen und Pfirsichen sitzen die wertvollsten Fruchtknospen zusammen mit Blattknospen an einjährigen Langtrieben. Beim Pfirsich unterscheiden wir

Triebformen

Apfel: Oben Holztrieb mit Holz- und Blattknospen. Darunter Trieb mit Frucht- und Ringelspießen, also Fruchtholz.

Birne: Oben zweijähriger Triebteil, links mit Fruchtrute und Blütenknospe, daran anschließend einjähriger Holztrieb.

Unten: Trieb mit Blütenknospen an Ringelspießen und Fruchtrute. Kleines Bild: Fruchtkuchen.

Zwetsche, Pflaume usw.: Oben einjähriger Langtrieb mit Holz- bzw. Blattknospen. Darunter ein mit Blütenknospen besetzter Trieb.

Sauer- und Süßkirsche: Die beiden oberen Triebe von 'Schattenmorelle' (Sauerkirsche) sind mit Blatt-, Holz- und Blütenknospen besetzt. Vielfach befinden sich im vorderen Drittel vorwiegend Blütenknospen-, dahinter solche, aus denen Blätter und Neutriebe entstehen. Auch an der Spitze des einjährigen Triebes befindet sich eine Holzknospe, aus der sich der Trieb fortsetzt.
Unten: Süßkirsche mit Bukettzweigen, die den Ringelspießen beim Kernobst ähneln.

außerdem zwischen »wahren« und »falschen« **Fruchttrieben.** Bei Ersteren sitzen drei Knospen zusammen, in der Mitte eine Blattknospe, links und rechts davon je eine Blütenknospe. Diese Triebe sind wertvoll, denn an ihnen hängen bevorzugt die Pfirsiche. »Falsche« Fruchttriebe sind dagegen fast ausschließlich mit Blütenknospen be-

1 Der Konkurrenztrieb wird sowohl beim Pflanzschnitt als auch bei der folgenden Kronenerziehung vorrangig entfernt. Mehr dazu im Text.

2 Nachdem dieser kräftig und steil nach innen wachsende Trieb weggeschnitten ist, kann reichlich Licht in das Kroneninnere dringen.

setzt; an ihrer Spitze befindet sich eine Holz-knospe. Bukettzweige bilden sich nur an den 2–3 Jahre alten Trieben. In den Folgejahren beginnen die Zweige zu verkahlen. Ältere Triebe sollten deshalb regelmäßig verjüngt werden.

- **Bukettzweige** sind bei Zwetsche/Pflaume, Süßkirsche und Aprikose die wichtigsten Organe für Blüten- und Fruchtbildung. Sie ähneln den Ringelspießen beim Kernobst, doch stehen bei ihnen an der Spitze drei oder mehrere Knospen in einem dichten Büschel zusammen. Alle rundlichen Knos-pen sind Blütenknospen, die in der Mitte des Büschels befindliche ist dagegen immer eine Holzknospe.

Holztriebe beim Kern- und Steinobst

Als Holztriebe bezeichnen wir stärkere ein-jährige Langtriebe, die nur Holz und Blatt-knospen aufweisen. Sie sind wichtig für den Aufbau des Kronengerüstes, also die Stamm-verlängerung und die Leit- und Seitenäste. Während beim Kernobst nur wenige Sorten (Seite 15) auch an Holztrieben Blüten hervor-bringen, findet man beim Steinobst neben reinen Holztrieben, an denen sich nur Holz- oder Blattknospen befinden, vielfach auch einjährige Langtriebe mit Holz-, Blatt- und Blütenknospen.

- Der **Konkurrenztrieb** ist ein »besonderer« Holztrieb; er spielt für unsere Schnittpraxis

Richtiger
Schnitt

Falscher
Schnitt

Links: Richtig geschnitten. Mitte: Zu lang! Der verbliebene Zapfen trocknet ein. Rechts: Zu langer und zu schräger Schnitt, das Auge vertrocknet.

eine wichtige Rolle. Während aus der Knospe, über der wir Stammverlängerung, Leit- und Nebenäste zurückgeschnitten haben, ein kräftiger Neutrieb entstehen soll, entwickelt sich aus der nachfolgenden Knospe meist ein im spitzen Winkel angesetzter oft ebenso starker, aber unerwünschter Trieb: der Konkurrenztrieb.

Mein Rat

»Wasserschosse« klingt negativ, doch lassen sich die oft fälschlich so bezeichneten Jungtriebe zu Fruchtholz umbilden.

Er sollte bei jedem Schnitt vorrangig entfernt werden, es sei denn, er ist kräftiger entwickelt und steht günstiger als die eigentliche Stamm- bzw. Astverlängerung. In diesem Fall entfernt man diese und belässt den Konkurrenztrieb.

Knospen und »Augen«

Es gibt verschiedene Arten von Knospen, die man kennen sollte, bevor man mit dem Schneiden von Obstbäumen beginnt:

● **Holzknospen** haben eine spitze Form. Wir finden sie vor allem an einjährigen Trieben. Bei günstiger Stellung und guter Ernährung entsteht aus ihnen meist ein stärkerer Holztrieb.

● **Blüten- oder Fruchtknospen** haben dagegen eine mehr oder weniger rundliche Form und sind größer. Beim Steinobst sind sie allerdings erst im zeitigen Frühjahr gut zu erkennen. Blütenknospen werden stets im vorhergehenden Sommer gebildet. Bei Apfel und Birne sind in der Blütenknospe gleichzeitig auch Blätter vorhanden, beim Steinobst dagegen nur Blüten.

● **Blattknospen** nehmen der Form nach eine Mittelstellung zwischen den spitzen Holzknospen und den rundlichen Blütenknospen ein. Wir finden sie vor allem am Fruchtholz, wo sie vielfach Blattrosetten mit mehreren Blättern ausbilden.

● Als **»Augen«** bezeichnet man Knospen im Anfangsstadium ihrer Entwicklung während des Sommers. Wir finden sie in den Blattwinkeln der grünen, also beblätterten

Triebe. Der Baumschuler verwendet sie zum Okulieren, einer Veredlungsart, bei der im August ein »Auge« der Edelsorte in die gewählte Obst- oder Rosenunterlage eingesetzt wird.

Sobald dann die »Augen« in den Blattwinkeln der Bäume gut entwickelt und ausgereift sind, spricht man von Knospen. Allerdings wird bei Obstbaumschnittkursen und in Abhandlungen über Obstbaumschnitt häufig abwechselnd von »Knospen« und »Augen« gesprochen, um nicht immer das gleiche Wort gebrauchen zu müssen, obwohl es sich genau genommen um Knospen handelt.

Wichtig für unsere Arbeit ist der Begriff **»schlafende Augen«**. Sie spielen besonders beim Auslichten älterer Bäume und beim Ver-

jüngen eine Rolle. »Schlafende Augen« sind nicht sichtbar; sie liegen unter der Rinde. Durch äußere Reize, wenn beispielsweise starke Äste aus der Krone entfernt oder – beim Verjüngen – kräftig zurückgenommen werden, treiben sie aus:

Es bilden sich so genannte »Wasserschosse«, d. h. sehr wüchsige, gut belaubte Jungtriebe, die wir aber durch Behandlung zum Fruchttragen bringen können (siehe Seite 24).

Äste, Zweige, Triebe

● Als **Äste** bezeichnet man die stärkeren Holzteile. Sie können in älteren Baumkronen einen Durchmesser von 20 cm und

So reagiert ein alter, bisher ungepflegter Baum, wenn er auf einmal zu stark ausgelichtet wurde. Es bilden sich auf den Astoberseiten eine Unzahl kräftiger Holztriebe.

Wenn wir auf Astring schneiden, werden unsichtbare »schlafende Augen« zum Austrieb angeregt.

mehr erreichen. Diese Entwicklung sollte man schon beim Jungbaum vorhersehen und die Krone mit nur 3–4 Leitästen aufbauen.

- Unter **Zweigen** versteht man meist 3–4 Jahre alte Triebe, die etwa finger- bis daumenstark sind.
- **Triebe** sind 1–2 Jahre alt, man spricht dem-

Mein Rat

Schnittziel ist es, die Baumkrone mit nur wenigen, kräftigen Ästen aufzubauen und immer licht zu halten, damit sich das Fruchtholz bis an den Stamm hin entwickeln kann und bis ins Alter lebendig bleibt.

entsprechend von »einjährigen Trieben« und »zweijährigen Trieben«. Als »Jungtriebe« bezeichnen wir Triebe, die sich gerade im Entstehen befinden, also während des Sommerhalbjahres.

Unter **Neutrieb** versteht man die Gesamtheit der Jungtriebe an einem Baum. »Der Baum hat einen starken Neutrieb«, bedeutet also, er ist noch sehr lebendig. Vor allem beim Verjüngen und Auslichten älterer Bäume entsteht viel Neutrieb.

- **Wasserschosse** sind Triebe, die im beschatteten Kroneninneren entstanden sind. Es handelt sich um geil gewachsene und deshalb weiche Langtriebe mit weiten Abständen von Auge zu Auge.

Vielfach werden auch die auf den Oberseiten stärkerer Äste entstandenen steil aufrecht stehenden Triebe als Wasserschosse bezeichnet. Gleiches gilt für kräftige, in das Kroneninnere wachsende einjährige Triebe. Solche aufrechten Triebe in gut belichteten Kronenteilen sollten aber fachlich korrekt als **Ständer** oder **Reiter** bezeichnet werden.

Ein **Astring** ist ein gut sichtbarer Wulst an der Entstehungsstelle eines Triebes, Zweiges oder Astes. Im Astring befinden sich »schlafende Augen«. Sobald wir einen Trieb, Zweig oder Ast auf Astring zurückschneiden, regen sich die unserem Auge verborgenen »schlafenden Augen« (siehe Seite 20) und treiben aus. Mit solchen vielfach waagrechten bzw. leicht schrägen Austrieben lässt sich vor allem bei Spindelbüschen und Spalieren das Fruchtholz erneuern, beziehungsweise sie dienen uns bei verjüngten Bäumen als Fortsetzung stärkerer Äste.

Schnitthilfen

Leider wachsen Obstbäume trotz Pflanz- und Erziehungsschnitt keineswegs immer so, wie dies wünschenswert wäre. Doch es gibt verschiedene Kniffe, um einen annähernd idealen Kronenaufbau zu erreichen. Ebenso können wir die Entwicklung von Holztrieben oder aber die Neigung zur Fruchtholzbildung beeinflussen.

Spreizen und Binden

Nicht immer befinden sich die künftigen Leitäste in stumpfem Winkel am jungen Baum und steigen dann, wie es ideal wäre, etwas vom Stamm entfernt in einem Winkel von etwa 45° an. In den meisten Fällen stehen sie zu steil. Dies lässt sich jedoch mit Hilfe von **Spreizhölzern** ausgleichen.
Besonders günstig sind Äste oder Zweige, die sich gabeln. Wir brauchen sie dann nur über der Gabel abzuschneiden und in den Baum halten, um die passende Länge abzuschätzen. Dann wird der Zweig oder Ast am anderen Ende keilförmig zugeschnitten und aus dem Keil mit der Schere ein Dreieck herausgetrennt. Dadurch hat das Spreizholz im Baum einen guten Halt.
Besitzt der Zweig oder schwache Ast keine Gabelung, so schneiden wir das benötigte Stück an beiden Enden keilförmig zu. Gut geeignet sind u. a. auch kräftige Holundertriebe, die in der Mitte weiches Mark enthalten, so dass sich ein Einkerben erübrigt. Das hört

sich alles kompliziert an, ist aber in der Praxis recht einfach, wie die Abbildungen zeigen. Wichtig ist, dass die Spreizhölzer vor dem Winterschnitt eingesetzt werden. Erst dann wird der Rückschnitt der Leitastverlängerungen festgelegt, die sich anschließend in etwa gleicher Höhe (»Saftwaage«) befinden sollen. Bedurfte es der Korrektur steil stehender Äste, müssen die Spreizhölzer oft 1–2 Jahre in der Krone verbleiben. Sobald man sie heraus-

Mit solchen Hölzern lassen sich zu steil stehende Triebe bzw. Äste abspreizen.

Mit Spreizhölzern können wir zu steil angesetzte Leitäste nach außen drücken. So kommt mehr Licht in die junge Krone.

nimmt, lässt sich erkennen, ob der Ast in der gewünschten Stellung verbleibt. War dagegen nur eine geringe Veränderung nötig, so können wir die Spreizhölzer bereits im folgenden Sommer entfernen, oder sie fallen sogar von selbst auf den Boden.

1 Mit selbst gebastelten Betontöpfchen können wir schräg stehende Triebe in eine waagrechte Lage bringen und so den Blüten- und Fruchtansatz fördern.

2 Nachdem Bast im Garten ohnehin zur Hand ist, binden wir die Triebe im Sommer waagrecht. Bis zum Herbst sind sie dann bereits verholzt.

Und hier der Erfolg! Je waagrechter ein Trieb im Baum steht, desto mehr neigt er zur Fruchtbarkeit. Auf dem Bild: Ein Spindelbusch der Sorte 'Ontario'.

Das Gegenteil zum Abspreizen ist das **Hochbinden von Trieben,** um sie in einen günstigeren Winkel zum Stamm zu bringen und dadurch ihre weitere Entwicklung zu fördern. Dies ist gelegentlich bei Jungbäumen zweckmäßig. Sobald dann der Trieb von selbst in der gewünschten Stellung verbleibt, kann das Bindematerial (Bast) entfernt werden.

Waagrechtbinden

Durch Waagrechtbinden wird die Fruchtbarkeit eines Triebes gefördert. Wichtig ist, dass er in eine waagrechte Stellung gebracht wird, denn nur dann tritt nach dem Gesetz der Oberseitenförderung (S. 12) die gewünschte Wirkung ein. Wird der Trieb dagegen bogenförmig gebunden, so kommt es zu unerwünschtem Neutrieb am Scheitelpunkt (S. 12).

Waagrechtstellen macht es möglich, Triebe im jungen Baum zu belassen, die sonst im Sommer oder Winter weggeschnitten werden müssten, weil sie zu schräg aufwärts oder sogar auf den Astoberseiten stehen und den Lichtzutritt versperren. Werden sie dagegen mit Bast, Betontöpfchen und Ähnlichem in eine waagrechte Lage gebracht, hören sie weitgehend auf zu wachsen und setzen bevorzugt Blütenknospen an. Mehr bei »Sommerschnitt« (Seite 43).

Schneiden, Sägen, Wundbehandlung

Es ist nicht nur wichtig zu wissen, welche Triebe eingekürzt, welche ganz weggeschnitten und welche unbehandelt im Baum verbleiben sollen. Mindestens ebenso relevant ist, wie man mit Schere und Säge umzugehen hat, damit möglichst kleine Wunden entstehen, die bald verheilen.

Schneiden mit der Schere

Die Schere gebrauchen wir, um jüngere Triebe einzukürzen oder wegzuschneiden. Mit der Schere wird altes Fruchtholz verjüngt und dichtes Triebgewirr im Außenbereich ungepflegter Kronen ausgelichtet.

Eine Schere mit scharfer Schneide ist das wichtigste Werkzeug beim Obstbaumschnitt. Wer beim Kauf nicht spart, wird jahrzehntelang Freude daran haben.

Beim Aufbau junger Kronen (Pflanz- und Erziehungsschnitt) kommt es darauf an, dass beim **Rückschnitt der Stammverlängerung und der Leitäste** tatsächlich dasjenige Auge (Knospe) austreibt, das wir für die Triebverlängerung vorgesehen haben. Bei den Leitästen muss dies ein nach außen gerichtetes Auge sein. Um dies zu erreichen, muss der Schnitt leicht schräg und dicht über diesem Auge erfolgen. Verläuft der Schnitt dagegen zu schräg und entsteht dabei eine lange Wunde, so kann es zum Austrocknen des Auges kommen; es treibt dann nicht aus, sondern das darunter befindliche. Nachdem dieses aber in eine andere Richtung zeigt als das für die Triebfortsetzung vorgesehene Auge, wächst auch der neue Trieb in eine unerwünschte Richtung. Wer die Zusammenhänge kennt und das Wachstum genau beobachtet, kann zwar nach erfolgtem Austrieb noch korrigierend eingreifen, es empfiehlt sich, dieser Fehlentwicklung durch sauberen Schnitt vorzubeugen. Ebenso nachteilig ist es, wenn wir schlampig schneiden und über dem Auge ein Zapfen stehen bleibt. Dieser trocknet ein, die Schnittwunde kann nicht verheilen. Doch nicht nur der Rückschnitt von Trieben, auch das völlige **Wegschneiden von Trieben und Zweigen** will gelernt sein: An Triebgabelungen den Trieb immer von unten her entfernen! Nicht mit der Schere von oben her schneiden, da sonst ein kleiner Zapfen oder zumindest zu viel vom Astring verbleibt, aus dessen schlafenden Augen sich meist in das

1 So wird die Schere von unten her beim Schnitt richtig angesetzt. Wir bekommen eine glatte, rasch abheilende, schräge Schnittfläche ohne störenden Zapfen.

2 Mit einem einzigen Schnitt wurde die Astverlängerung samt Konkurrenztrieb auf einen Trieb nach außen abgesetzt. Eine scharfe Schere verhindert Quetschungen.

Kroneninnere gerichtete Triebe entwickeln. Bei falschem Schnitt und stumpfer Schere entstehen außerdem allzu leicht Quetschwunden, die schlecht verheilen.

Während beim Pflanz- und Erziehungsschnitt die Verlängerungstriebe an Stamm und Leitästen eingekürzt werden, erfolgt in späteren Jahren ein Absetzen oder **Ableiten auf nach außen wachsende Äste, Zweige oder Triebe.** Dies gilt vor allem für den Instandhaltungsschnitt, aber auch beim Auslichten oder Verjüngen älterer Baumkronen. Durch ein solches Ableiten wird die Krone weiter geöffnet, es gelangt mehr Licht in das Innere.

Doch auch beim Erziehungsschnitt, also während des Aufbaus der jungen Krone, bietet sich häufig ein Trieb, Zweig oder Ast an, der mehr nach außen wächst. Wir schneiden dann die eigentliche Leitastverlängerung auf den nach außen wachsenden Triebteil zurück, leiten also ab und kürzen erst dann die neu gewonnene Leitastverlängerung auf ein nach außen gerichtetes Auge ein.

Wichtig ist, dass beim Ableiten besonders sorgfältig mit der Schere oder Säge gearbeitet wird: Wir schneiden oder sägen den zu entfernenden Baumteil unmittelbar an dem Trieb oder Ast ab, auf den abgesetzt werden soll; es sollte parallel zu diesem geschnitten oder gesägt werden. Andernfalls würden große Wunden oder Stummeln entstehen, die sehr schlecht verheilen. Abschließend werden die Wunden mit einem Wundverschlussmittel verstrichen.

Auch Sägen will gelernt sein

Vor allem beim Auslichten älterer ungepflegter Bäume, beim Verjüngen oder Vorbereiten zum Umveredeln ist die Säge das wichtigste Werkzeug.

Schwächere Äste sägen wir von oben nach unten durch, wobei die linke Hand den Ast hält und ihn leicht nach unten drückt, während mit der rechten gesägt wird. Wichtig ist dabei eine standfeste Leiter oder ein kräftiger Ast, der sicheren Stand ermöglicht. Zusätzlich halten wir uns mit der linken Hand an einem anderen Ast fest und sägen mit der rechten. Wenn wir kurz vor dem Durchsägen sehr schnell arbeiten, gibt es eine saubere Schnittwunde, und der Ast fällt zu Boden, ohne abzuschlitzen.

Stärkere Äste, etwa ab 8–10 cm Durchmesser, sägen wir dagegen erst von unten an und dann, etwas versetzt, von oben nach unten

Stärkere Äste sägen wir erst von unten an und dann, etwas versetzt, von oben nach unten durch. So wird vermieden, dass der Ast abschlitzt.

durch. Das Absägen erfolgt nicht unmittelbar am Stamm oder einem Ast, der verbleiben soll, sondern etwas von der endgültigen Schnittstelle entfernt, eben dort, wo wir einen guten Stand haben und möglichst bequem sägen können. Anschließend wird an der eigentlichen Ansatzstelle sauber von oben nach unten nachgeschnitten.

Wichtig ist dabei, dass die Schnittfläche immer so klein wie nur möglich bleibt. Wir schneiden deshalb »auf Astring«, d. h. unmittelbar an der leicht schrägen, wulstartigen Erhebung, die sich an den Ansatzstellen von Ästen befindet. Von hier aus beginnt die Wunde besonders gut zu verheilen. Ebenso falsch wie zu dicht am Stamm abzuschneiden (große Wunde!) wäre es, »Kleiderhaken« (siehe Bild Seite 30) stehen zu lassen. Solche Zapfen verheilen nicht, sie trocknen ein.

Mein Rat

Immer so sägen, dass die Wunde möglichst klein gehalten wird. Anschließend die Wunde sorgfältig verstreichen, um die Heilung zu fördern. Keine »Kleiderhaken«, also Aststummel, stehen lassen!

Sehr wichtig: die richtige Wundbehandlung

Beim Ostbaumschnitt entstehen zahlreiche Wunden. Kleinere verheilen von selbst, sobald sie aber größer als ein 2-Euro-Stück sind, sollte man sie nachbehandeln. Dazu schneiden wir die Wundränder mit einem scharfen Messer (Hippe) glatt und verstreichen sie mit einem **Wundverschlussmittel.** Bewährt haben sich Spisin, Bayleton, LacBalsam u. Ä., alles gut streichfähige Präparate, die sich auch bei kühler Witterung mit dem Pinsel, einem Spachtel oder einem schräg zugeschnittenen Zweigstück auftragen lassen. Derart behandelte Wunden bilden rasch **Wundkallus.** Sie beginnen vom Rand her zu überwallen, indem sich aus dem Kambium,

also dem unter der Rinde befindlichen teilungsfähigen Gewebe, neue Zellen bilden. Dies gilt für alle Obstbaumarten, soweit beim Schnitt größere Wunden entstanden sind. Eine Ausnahme machen Pfirsich und Aprikose, bei denen wir möglichst auch die kleinen Wunden, wie sie beim Pflanz- und Erziehungsschnitt entstehen, verstreichen. Erst wenn die Bäume herangewachsen sind, können wir uns auch hier auf das Verstreichen von größeren Wunden beschränken.
Doch nicht nur im Zusammenhang mit dem Schnitt ist eine sorgfältige Wundenpflege wichtig. Beschädigungen an Stamm und Ästen, die durch Frost, Obstbaumkrebs, Abschlitzen eines Astes oder Hasenfraß entstanden sind, sollten ebenfalls möglichst rasch nachbehandelt werden. Auch in solchen

Verstreichen mit Wundverschlussmittel. Deutlich sind der wulstartige Astring und die durch sauberen Schnitt klein gehaltenen Schnittflächen erkennbar.

Die linke Wunde stammt von einem vor 1 Jahr entfernten Ast. Inzwischen hat sich von den Rändern her ein Kallus gebildet, die Wunde beginnt zu überwallen.

»Kleiderhaken« sehen nicht nur unschön aus, sondern verheilen auch nicht und trocknen ein. Deshalb Äste sauber auf Astring abschneiden!

Fällen werden die Wundränder im zeitigen Frühjahr bzw. sobald der Schaden zu erkennen ist, mit einem scharfen Messer (Hippe) nachgeschnitten und mit einem Wundverschlussmittel verstrichen.

Bei **Krebs- und Frostwunden** reicht es allerdings nicht aus, vor dem Verstreichen nur die Wundränder glatt zu schneiden. Krebsstellen schneiden wir vielmehr gründlich bis auf gesundes Holz und Rinde aus.

Frostplatten müssen ebenfalls behandelt werden. Wie Rindenrisse entstehen diese plattenförmig eingesunkenen Stellen durch Spannungsunterschiede im Gewebe. Der erfrorene, eingesunkene Rindenteil wird beseitigt. Dabei muss von den meist braunen Rändern so viel weggeschnitten werden, bis das gesunde, grüngelb gefärbte Holz sichtbar wird.

Kaum Erfolg verspricht dagegen eine Wundbehandlung mit anschließendem Verstreichen bei Mäusefraß. Feldmäuse ringeln den Stamm rundherum bis aufs Holz. Vorbeugend sollte deshalb Mulchmaterial bereits im Herbst im Bereich der Stämme entfernt werden.

Sommerschnitt und Sommerriss

Die klassische Wundbehandlung ist sehr aufwändig. Dazu bietet der Sommerschnitt bei trockenem Wetter eine ausgezeichnete Alternative. Da die Obstgehölze im Sommer gut mit Nährstoffen und Wasser versorgt sind, die in den Leitungsbahnen rasch an die Wunden transportiert werden, ist es für die Bäume einfacher, die entstandenen Wunden zu überwachsen. Die Wundheilung erfolgt sehr rasch, entsprechend gering ist die Gefahr des Eindringens von Krankheitserregern. Die Behandlung mit Wundverschlussmitteln ist nur bei sehr großen Wunden (z. B. Astabbrüche nach Gewitterstürmen) notwendig. Bei den für Mehltaupilze anfälligen Apfelsorten können beim Sommerschnitt alle kranken Zweige entfernt werden. Als Faustregel beim Schnitt von Steinobst gilt: Stark wachsende Süßkirschen direkt nach der Ernte schneiden, schwach wachsende Kirschensorten durch einen Schnitt im Nachwinter zur Triebbildung anregen. Pflaumen und Zwetschen in der zweiten Junihälfte oder während der Ernte schneiden.

Auch der schon angesprochene Sommerriss ermöglicht eine sehr gute Wundheilung ohne weitere Nachbehandlungen. In der Frage der Wundpflege muss es kein »entweder – oder« geben, oft können die beschriebenen Maßnahmen auch sinnvoll kombiniert werden. Der Sommerriss im Mai und Juni darf nicht mit dem Sommerschnitt verwechselt werden. Dabei werden überzählige Jungtriebe und Wasserschosse einfach mit der Hand ausgerissen.

Schnittwerkzeuge und Hilfsmittel

Nur mit dem richtigen Werkzeug macht der Obstbaumschnitt Spaß. Die Arbeit geht dann rasch von der Hand, die Wunden verheilen in kurzer Zeit. Es wäre falsch, hier zu sparen, zumal solide Werkzeuge auch wirklich ein Leben lang halten.

Baumschere

Mit das wichtigste Gerät im Obstgarten! Ich arbeite seit vielen Jahren mit der Felco 2, einer bewährten Schweizer Gartenschere, die wohl in jedem Fachgeschäft (Garten-Center) erhältlich ist. Sie hat ihren Preis, an die 30 Euro, doch die Ausgabe lohnt sich. Diese Schere liegt wie angegossen in der Hand, lässt sich mit dem Daumen spielend öffnen und schließen, so dass man sich bei der Arbeit immer mit der anderen Hand an einem Ast oder an der Leiter festhalten kann. Die Felco-Schere ist leicht und ermüdet auch bei längerer Arbeit nicht, ermöglicht einen scharfen Schnitt, schneidet erstaunlich starke Zweige ohne allzu großen Kraftaufwand und ist mit den leuchtend roten Griffen im Schnee oder Rasen leicht auffindbar. Alle stärker beanspruchten Teile lassen sich leicht auswechseln; sie sind einzeln erhältlich. Die Pflege beschränkt sich auf ein gelegentliches Schärfen der Klinge, und an Feder und Verschluss sollte man ab und zu ein paar Tröpfchen Öl bringen. Nachahmungen anderer Firmen sind zwar billiger, doch den Unterschied merkt man

rasch. Selbstverständlich gibt es noch einige andere gute Scheren, auf Bestellung auch solche für Linkshänder. Eine Astschere, praktisch beim Schnitt von Beerensträuchern, ist auf Seite 115 abgebildet.

Baumsäge

Ideal ist eine Baumsäge mit Holzgriff und Spannhebel, mit dem sich das Sägeblatt rasch entspannen, verstellen und wieder

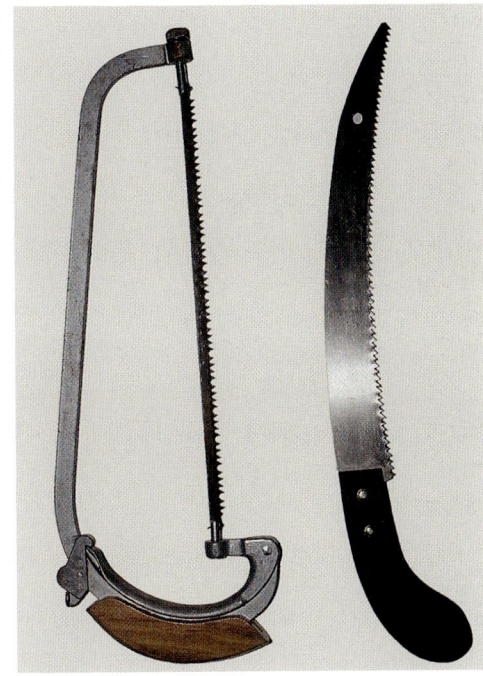

Eine Baumsäge mit verstellbarem Blatt. Rechts daneben eine Stichsäge (Fuchsschwanz) für die Arbeit an Spalieren.

Mein Rat

Solides Werkzeug hat seinen Preis, hält aber ein Leben lang und macht die Arbeit zum (sicheren!) Vergnügen. Sparen Sie also nicht am falschen Platz!

spannen lässt, so dass wir jeden Ast sauber auf Astring absägen können. Dies ist bei einer Säge mit fest stehendem Blatt nicht möglich. Auch hier ist die Pflege denkbar einfach: Die beweglichen Teile am Spannhebel und an der Feststellschraube gelegentlich ölen und das Harz vom Blatt mit Benzin abwischen. Verlangen Sie unbedingt eine Bügelsäge mit Schwedenstahlblatt, da dieses leicht ausgewechselt werden kann, sobald es nicht mehr genügend scharf ist. Solch eine hochwertige Säge ist billiger als eine gute Baumschere.

Schwächeres Holz und Äste an leicht zugänglichen Stellen (z. B. Spalier an der Hauswand) lassen sich auch mit einer Stichsäge (»Fuchsschwanz«) sauber entfernen, sonst verwenden wir aber ausschließlich die Bügelsäge.

Hippe

Dies ist ein kräftiges Messer mit geschwungenem Holzgriff und mindestens 70 mm

Eine Hippe ist im Obst-, Gemüse- und Blumengarten gut zu gebrauchen.

langer, leicht geschwungener Stahlklinge. Nicht gerade billig, 20–50 Euro und mehr, doch so ein »Ding« hebt zweifellos das Aus- und Ansehen des Gärtners, wenn er es bei sich trägt. Mit der Hippe können wir Sägewunden nachschneiden, Stammschäden und Krebsstellen ausschneiden sowie Bastfäden entfernen. Auch im Gemüse- und Blumengarten ist sie recht brauchbar.

Abziehstein

Der Abziehstein sollte zweischichtig sein, mit einer gröberen und einer feineren Seite. Vor Gebrauch wird er mit Wasser angefeuchtet. Ist die Schere nicht mehr genügend scharf, schärft man die Klinge durch kreisende Bewegung der flach auf der Schneide aufliegenden gröberen Seite des Steins. Das Messer (Hippe u. Ä.) wird nur auf einer Seite durch kreisende Bewegung erst grob vorgeschliffen und dann in gleicher Weise auf der Feinseite des Steins nachgeschliffen. Sobald sich ein feiner Grat gebildet hat, schleift man die andere Seite des Messers leicht nach.

Leiter

Für Schnitt und Ernte an Halb- und Hochstämmen ist ein fester Stand auf der Leiter besonders wichtig. Jährlich kommt es zu schweren Unfällen, weil die Leiter nicht genügend standfest ist oder Sprossen (Holzleiter) brüchig sind. Auf Aufstellung und Sicherungen achten!

Diese sich nach oben zu verjüngende Leiter mit einer Stütze ist leicht zu tragen und eignet sich vor allem bei noch nicht allzu hohen Bäumen.

Nur eine stabile, standsichere Leiter ermöglicht das weitgehend gefahrlose Arbeiten im Außenbereich der Krone. Die Eisenzacken am unteren Ende der Holme sorgen zusätzlich für Sicherheit, auch bei leicht hängigem Gelände.

Bewährt hat sich eine Anlegeleiter mit zwei Stützen, damit sie nicht nur an kräftigen Ästen angelegt, sondern auch im Außenbereich der Krone freistehend als Stützleiter aufgestellt werden kann. Wenn eine solche **standsichere Leichtmetall-Leiter** aus zwei ineinander verlaufenden Teilen besteht, lässt sie sich beliebig verlängern oder verkürzen, so dass auch an höheren Baumkronen und Wandspalieren weitgehend gefahrlos gearbeitet werden kann. Bestens bewährt hat sich die Südtiroler Einholmleiter. Am Fuß verhindern zwei Schneiden die fest in den Erdboden ge-

drückt werden ein Verrücken. Das obere, sprossenlose Leiterstück wird in eine Astgabel gelehnt und kann ebenfalls nicht mehr seitlich abgleiten. Vor allem bei hängigem Gelände ist sie ein fast unverzichtbares Hilfsmittel.

Schnitt bei Apfel und Birne

Mit Evas Apfel ließe sich vermutlich kein moderner Adam mehr verführen, denn alles »Urobst« war mit Sicherheit sauer, holzig und fruchtfleischarm. Erst jahrhundertelange Kultivierung – und der richtige Schnitt – brachte jene herrlichen, schmackhaften Früchte hervor, die wir heute kennen.

● **Hochstamm, Halbstamm und Buschbaum** 36
   Die notwendigen Schnittmaßnahmen zur Erziehung
   verschiedener Stammformen

● **Spindelbusch** 57
   Schnittmaßnahmen zur Formung und Erhaltung einer
   kleinen Krone

● **Obsthecke** 64
   Die Alternative zum Formspalier

● **Apfel und Birnenspalier** 67
   Obstspaliere erziehen und notwendige Schnittmaßnahmen

Hochstamm, Halbstamm und Buschbaum

Der Pflanzschnitt

Der Pflanzschnitt beginnt bei der Pflanzung mit dem **Schnitt der Wurzeln.** Dabei werden beschädigte Wurzeln dicht hinter der Beschädigung bis auf gesundes, helles Holz zurückgeschnitten. Gesunde, mehr als bleistiftstarke Wurzeln kürzen wir dagegen nur ganz geringfügig, etwa um 1 cm, ein; an solchen glatten Schnittstellen bilden sich rasch feine neue

Baumschule ohnehin Wurzeln verloren hat, sollte sich der Wurzelschnitt nur auf das wirklich Nötige beschränken. Mit je mehr gesunden Wurzeln der Baum gepflanzt wird, desto kräftiger ist der Austrieb.

Nun aber zum eigentlichen Pflanzschnitt. **Wurde im Herbst gepflanzt,** warten wir damit bis nach der strengsten Kälte, also etwa bis **Ende Februar. Bei Frühjahrspflanzung** erfolgt dieser **Schnitt bei oder möglichst bald nach**

Von links nach rechts: Die Stammhöhen von Spindelbusch bzw. Buschbaum (links), Halbstamm (Mitte) und Hochstamm (rechts).

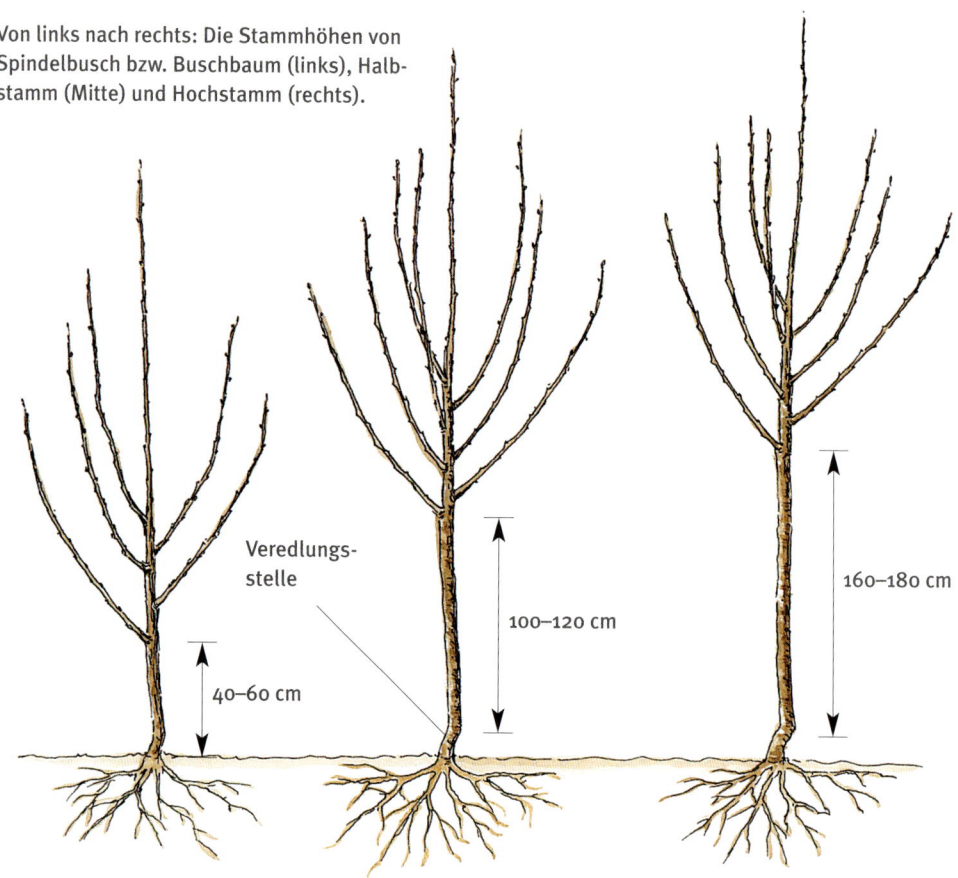

Veredlungs-
stelle

40–60 cm

100–120 cm

160–180 cm

Grundlage für eine ideale Baumform, bestehend aus Stamm, Leitästen und Seitenästen, also ein Kronengerüst, an dem sich locker gestreut gut belichtete Fruchtäste und Fruchtholz befinden. Was nachfolgend zum Thema Pflanzschnitt gesagt wird, gilt nahezu für alle Obstarten, die als Halb- oder Hochstamm gepflanzt werden, ebenso auch für so genannte Meter-Stämme und Buschbäume.

Leitäste auswählen

Zunächst wählen wir in der jungen Krone 3 kräftige, günstig am Stamm verteilte Triebe aus. Diese 3 Triebe – die späteren Leitäste – sollten sich nicht an einem Punkt des Stammes befinden, sondern möglichst auf einer Stammlänge von etwa 50 cm verteilt sein. Dadurch sind sie gut »verankert«. Entspringen sie dagegen an einem Punkt, kann es leicht zur Abdrosselung der Stammverlängerung kommen. Sollten die 3 »idealen« Leitäste noch fehlen, so belassen wir provisorisch die 3 geeignetsten, ersetzen aber im nächsten oder übernächsten Jahr 1 oder 2 davon durch günstiger gestellte Triebe, die sich inzwischen an der Stammverlängerung entwickelt haben. Ideal ist es, wenn diese künftigen Leitäste in einem stumpfen Winkel am Stamm entspringen. Wenn möglich sollten sie erst etwas vom Stamm entfernt in einem Winkel von etwa 45° ansteigen. Spitzwinklig angesetzte Triebe sind als Leitäste nicht geeignet, weil bei ihnen die Gefahr besteht, dass sie später einmal bei stärkerem Fruchtbehang oder Schneedruck abschlitzen. Alle kräftigen, steil stehenden Triebe werden deshalb aus der jungen Baum-

Mein Rat

krone entfernt, zuallererst der Konkurrenztrieb, der sich zumeist in einem sehr spitzen Winkel zuoberst am Mitteltrieb (Stammverlängerung) befindet.

Schwache Triebe schonen

Außer den 3 künftigen Leitästen können durchaus einige schwächere Triebe in der jungen Krone verbleiben. Soweit sie sich nicht bereits in einer waagrechten Stellung befinden, binden wir sie mit Bast waagrecht. Solche Triebe bleiben ohne Rückschnitt und können deshalb den 3 späteren Leitästen keine Konkurrenz machen. Sie setzen meist frühzeitig Blütenknospen an und versorgen den jungen Baum über ihre Blätter zusätzlich mit Baustoffen (Assimilaten).

Mein Rat

Beim Pflanzschnitt nicht zimperlich sein, sondern Triebe kräftig einkürzen! Nur so entsteht bereits im Pflanzjahr ein starker Austrieb.

Pflanzschnitt beim Halb-, Hochstamm und Buschbaum:

1   Baum bei der Pflanzung.

2   Konkurrenztrieb und überzählige kräftige Triebe entfernen.

3   Zu steile Triebe, die als künftige Leitäste vorgesehen sind, abspreizen.

4   Diese auf eine nach außen gerichtete Knospe einkürzen.

5   Vereinzelte schwache Triebe, die nicht zum Kronenaufbau benötigt werden, waagrecht binden, aber nicht einkürzen. Fertig!

Rückschnitt von »Leitästen« und Stammverlängerung

Steht einer der künftigen Leitäste steiler als die beiden anderen, so wird er abgespreizt; bei zu flacher Stellung binden wir ihn hoch. Dann kürzen wir die als Leitäste vorgesehenen Triebe um mindestens ein Drittel bis die Hälfte ein, und zwar immer auf eine nach außen gerichtete Knospe. Anschließend sollten sie in etwa gleich lang sein, sich »in der Saftwaage« befinden. Beim Steinobst schneiden wir am besten noch schärfer zurück.

Nur bei einem kräftigen Rückschnitt treiben sämtliche Knospen aus, und die künftigen Leitäste bekleiden sich bereits von unten her mit Fruchtholz. Durch den Rückschnitt wird außerdem das Dickenwachstum der Leitäste gefördert.

Wie bereits auf Seite 13 erwähnt, gilt: **je schärfer der Rückschnitt, desto kräftiger der Austrieb und umgekehrt.** Durch scharfen Rückschnitt stellen wir das Gleichgewicht zwischen Wurzel und Krone wieder her, hat doch der Baum beim Ausgraben in der Baumschule viel Wurzelmasse verloren. Unterbleibt ein Rückschnitt, können die verbliebenen Wurzeln die Triebe nicht genügend mit Wasser und Nährstoffen versorgen, und es kommt nur zu einem schwachen Neutrieb.

Abschließend schneiden wir die Stammverlängerung (Mitteltrieb) so weit zurück, dass sie die 3 künftigen Leitäste um Handbreite überragt. Dabei wird sie möglichst über einer Knospe eingekürzt, die eine gerade Triebfortsetzung verspricht. Im Normalfall befindet sich diese Knospe über der letztjährigen Schnittstelle, die in der Baumschule entstan-

Falsch: Die Leitäste bilden einen Quirl. Die Stammverlängerung ist bereits verkümmert, der linke Ast zu kräftig.

den ist. Weht häufig starker Wind aus vorwiegend einer Richtung, so wird der Mitteltrieb über einer in Windrichtung stehenden Knospe geschnitten.

Der Erziehungsschnitt

Erstes Jahr nach der Pflanzung

Im kommenden **Spätwinter bzw. zeitigen Frühjahr** wird die junge Baumkrone erneut geschnitten. Wir sprechen jetzt von Erziehungsschnitt, den wir so oft wiederholen, bis

1 Apfel-Hochstamm im 2. Standjahr vor dem Schnitt. Der Pflanzschnitt hatte den Austrieb zahlreicher kräftiger Triebe zur Folge, die für den weiteren Kronenaufbau benötigt werden.

2 Erziehungsschnitt: Konkurrenztriebe und alle ins Kroneninnere wachsende Triebe entfernen; zu steil stehende Leitäste abspreizen; schwächere Triebe – späteres Fruchtholz – schonen.

die Krone fertig aufgebaut ist, je nach Obstart also etwa 5–8 Jahre lang.

Soweit dies nicht bereits im Sommer geschehen ist, werden nun zuerst Spreizhölzer und Bastfäden entfernt, die vom Pflanzschnitt her noch in der Krone sind. Dann wenden wir uns den künftigen Leitästen zu. Waren beim Pflanzschnitt keine 3 günstig gestellten, gleichmäßig um den Stamm verteilten Leitäste vorhanden, so sind jetzt Korrekturen möglich: Ein nur provisorisch belassener Leitast wird durch einen günstiger gestellten Jungtrieb ersetzt.

Vor allem aber werden beim Erziehungsschnitt alle Konkurrenztriebe sowie zu dicht stehende oder auf den Astoberseiten entstandene Triebe an den Ansatzstellen entfernt. Die übrigen neu gebildeten Triebe binden wir – sofern sie nicht zu dicht stehen – beinahe waagrecht, es sei denn, sie stehen bereits ziemlich waagrecht. Anschließend werden die Stamm- und Leitastverlängerungen zurückgeschnitten, wobei sich die Stärke des Rückschnitts nach der Wuchsstärke des Baumes richten sollte.

Bei kräftigem Trieb werden die Verlängerungstriebe nicht mehr so stark eingekürzt wie bei der Pflanzung. Hat der Baum auf den Pflanzschnitt nur mit einem schwachen Austrieb reagiert, unterlassen wir ausnahmsweise den Rückschnitt. Die Triebfortsetzungen entwickeln sich dann aus den Endknospen.

Damit wir die **Stärke des Rückschnitts** halbwegs richtig bemessen, sollten wir uns überlegen, was mit dem Einkürzen der Stamm- und Leitastverlängerungen angestrebt wird: Es sollen möglichst sämtliche Knospen entlang der verbleibenden Triebteile austreiben. Schneiden wir einen Leitast zu wenig zurück, so werden zwar die oberen Knospen durchtreiben, nicht aber die im unteren Drittel befindlichen. Folge: Der Leitast garniert sich in der Folge zu wenig mit Fruchtholz, er bleibt kahl und schwach.

Schneiden wir dagegen zu stark zurück, so treiben sämtliche Knospen aus, jedoch wesentlich stärker als wünschenswert. Es bildet sich kaum Fruchtholz, vielmehr entstehen zahlreiche Holztriebe, die wegen ihrer zu dichten und meist steilen Stellung zum Teil wieder entfernt werden müssen.

Die Stärke des Rückschnitts ist ideal, wenn zwar sämtliche Knospen austreiben, sich jedoch nur wenige kräftige, aber zahlreiche schwache Triebe (das künftige Fruchtholz) entwickeln.

Zweites Jahr nach der Pflanzung und Folgejahre

Im 2. Jahr nach der Pflanzung sowie die Jahre danach bleiben die Schnittarbeiten die gleichen. Neu hinzu kommt die **Erziehung von Seitenästen,** etwa 3 je Leitast, einer nach links, einer nach rechts, einer nach vorne gerichtet. Der erste dieser Seitenäste sollte vom Stamm einen Abstand von mindestens 80 cm haben; andernfalls würde die Krone später zu dicht. Untereinander sollten die Seitenäste in einem Abstand von etwa 100–120 cm entstehen, damit auch in der fertig aufgebauten Krone alle Teile genügend Licht bekommen. Günstig ist es, wenn sich die Seitenäste leicht schräg aufwärts entwickeln. Sie sollten den Leitästen untergeordnet sein. Die Triebfortsetzungen der Seitenäste werden nur bei schwachem Wuchs leicht eingekürzt, andernfalls erübrigt sich ein Rückschnitt.

Die übrigen entlang der Leitäste entstehenden Triebe behandeln wir als Fruchtäste, d. h., wir schneiden sie nicht zurück, sondern lenken sie durch Ableiten auf jüngere Triebe, so dass ihre Spitze waagrecht gerichtet ist oder leicht abwärts zeigt.

Dadurch wird verhindert, dass sie zu einer Konkurrenz für die Seitenäste werden. Jung-

Richtig geschnittene Apfel-Hochstämme mit drei Leitästen, einigen Seitenästen, locker gestreuten Fruchtästen entlang des Stammes und viel gut belichtetem Fruchtholz.

Auch dieser Birnbaum wurde mit nur drei Leitästen sowie Seiten- und Fruchtästen aufgebaut. So bleibt die Krone zeitlebens licht.

triebe jedoch, die sich entlang der Leit- und Seitenäste entwickeln und zu dicht stehen, werden beim jährlichen Schnitt ganz entfernt.

Faustregel

Schwache Verlängerungstriebe um etwa die Hälfte, kräftige Jahrestriebe hingegen um nur ein Drittel einkürzen.

Auch **entlang der Stammverlängerung** sollten sich in lockerer Streuung einige Fruchtäste bilden. Wir erziehen sie so, dass sie auf Lücke stehen und die darunter befindlichen Fruchtäste nicht beschatten.

Des weiteren werden beim jährlichen Erziehungsschnitt alle Konkurrenztriebe an der Stammverlängerung sowie an den Leit- und Seitenästen entfernt. Auch andere steil stehende Jungtriebe, die auf den Oberseiten der kräftigen Astteile entstanden sind, schneiden wir an den Ansatzstellen bis auf Astring weg. Stehen solche Triebe dagegen etwas schräg, so können wir sie weitgehend waagrecht binden und dadurch zu Fruchtästen umbilden. Dies ist freilich nur sinnvoll, wenn genügend Platz für zusätzliche Fruchtäste vorhanden ist oder wenn sie als Ersatz für abgetragene Fruchtäste verwendet werden sollen.

Abschließend schneiden wir die im letzten Jahr entstandenen Verlängerungstriebe von Stamm, Leitästen und eventuell auch Seitenästen zurück. Dabei beginnen wir immer mit dem schwächsten Leitast. Anschließend sollten sich die Leitäste in »der Saftwaage« befinden, also in etwa gleich lang sein. Dies gewährleistet, dass alle Leittriebe gleichmäßig mit Nährstoffen versorgt werden.

Wichtig ist, **immer auf nach außen gerichtete Knospen zu schneiden,** damit eine breit ausladende, gut belichtete Krone entsteht. Wachsen die Leitäste zu steil, sollte nachgeholfen werden: Äste abspreizen bzw. auf einen nach außen gerichteten Trieb oder schwächeren Ast absetzen.

Die Stammverlängerung sollte die Leitäste in den ersten Jahren nur um Handlänge über-

1 Wüchsiger Jungbaum vor dem Sommerschnitt mit zahlreichem Neutrieb. Das Zuviel an Astwerk kann bereits im Sommer entfernt werden.

2 Derselbe Baum nach erfolgtem Sommerschnitt. Konkurrenztriebe und alle nach innen wachsenden Triebe wurden entfernt, zu steil stehende Äste abgespreizt.

ragen, zum Ende der Aufbauphase kann sie um etwa einen halben Meter höher sein. So bekommen wir einen Baum mit verhältnismäßig niedriger Krone und flachpyramidaler Form. Sie sollte nach dem Schnitt einem flachen Hausdach ähneln.

Durch den Erziehungsschnitt erhalten wir einen Baum mit kräftigem Kronengerüst, bestehend aus Stamm bzw. Stammverlängerung (Mitteltrieb), Leitästen und Seitenästen. An diesem Gerüst entwickeln sich genügend Fruchtäste und gut belichtetes Fruchtholz. Das Einkürzen des Mitteltriebs muss auf ein Auge erfolgen, das später eine möglichst senkrechte Stammverlängerung ermöglicht.

Der Sommerschnitt

Es ist ratsam, den Erziehungsschnitt in den ersten Jahren durch eine Sommerbehandlung im **Juli/August** zu ergänzen. So geht der Kronenaufbau rascher vor sich. Im Rahmen eines solchen Sommerschnitts werden alle für den Kronenaufbau entbehrlichen Triebe, die man im Winter ohnehin entfernen müsste, weggeschnitten.

Dazu gehören vor allem die Konkurrenztriebe an Stammverlängerung und Leitästen sowie steile »Ständer«, also Triebe, die auf den Astoberseiten entstanden sind, in das Innere hineinwachsen und den Lichtzutritt versperren.

Mein Rat

Keinesfalls darf der Sommerschnitt zu früh, also bereits im Juni oder in der ersten Julihälfte durchgeführt werden. In diesem Fall wäre mit erneuter stärkerer Triebbildung zu rechnen.

Ebenso werden auch schwächere Triebe entfernt, wenn sie zu dicht stehen. Diese braucht man bei Apfel und Birne nur bis auf die Blattrosette zurückschneiden, damit sich an dieser Stelle Blütenknospen entwickeln können. Alle übrigen Triebe, die nicht das Kronengerüst bilden, binden wir (sofern sie sich nicht bereits in weitgehend waagrechter Stellung befinden) annähernd waagrecht. Langtriebe werden dadurch zu Fruchttrieben umgewandelt, denn je waagrechter ein Trieb wächst, desto mehr neigt er zum Blühen und Fruchten; je steiler er dagegen steht, desto kräftiger wächst er.

Selbstverständlich kann man auch beim Winterschnitt solche **Triebe waagrecht binden** (siehe Seite 23); sie sind dann aber bereits verholzt und es dauert wesentlich länger, bis sie sich daran gewöhnen. Im Sommer sind alle Triebe noch weich. Sie bleiben bereits in wenigen Wochen in der gewünschten Lage, so dass wir spätestens beim Winterschnitt alle Bastfäden entfernen können.

Im Rahmen des Sommerschnitts können wir auch **zu stark wachsende Triebe bremsen,** indem wir die Spitzen mit dem Daumennagel

Durch Abspreizen von zu steil stehenden Ästen kommt mehr Licht in die Krone.

Konkurrenztriebe, vor allem, wenn sie nach innen wachsen, werden bereits im Sommer entfernt.

auskneifen. Ist zum Beispiel in einer jungen Krone ein Leitast besonders kräftig entwickelt, während die beiden anderen wesentlich geringeren Zuwachs zeigen, so können wir den Zurückgebliebenen fördern, indem wir den kräftigeren Trieb entspitzen. Dadurch lässt sich das Gleichgewicht in der Krone rasch wieder herstellen.

Vielfach wächst auch die Stammverlängerung im Verhältnis zu den Leitästen zu stark nach oben, vor allem bei Birnen. In diesem Fall entfernen wir zuerst den Konkurrenztrieb sowie den folgenden, meist ebenso stark wachsenden, und entspitzen anschließend die Stammverlängerung.

Wer den Sommerschnitt an Jungbäumen durchführt, hat im Nachwinter nicht mehr viel zu tun. Es brauchen dann nämlich nur noch die Stamm-, Leitast- und eventuell Seitenastverlängerungen eingekürzt zu werden, und alles andere ist bereits erledigt.

Durch Sommerschnitt gelangt der Saftstrom ausschließlich in die verbleibenden, erhaltenswerten Teile, die Krone ist dadurch in kürzerer Zeit fertig aufgebaut. Ein weiterer Vorteil: Beginnt der junge Baum bereits mit dem Tragen, so werden die Früchte nach erfolgtem Sommerschnitt besser belichtet. Sie gewinnen dadurch an Geschmack und bekommen ihre sortentypische ansprechende Färbung.

So sehen gepflegte alte Obstbäume aus, an denen alle 1–2 Jahre ein Instandhaltungsschnitt durchgeführt wird. Dabei lässt sich die auf Seite 25 abgebildete Leiter bei Bedarf verlängern und als Anlegeleiter benutzen.

Der Instandhaltungsschnitt

Sobald die Krone fertig aufgebaut ist, also nach dem Ende des Erziehungsschnittes, brauchen wir nur noch dafür zu sorgen, dass die vorhandene »Ideal«-Krone erhalten bleibt. Der Baum ist nun im Vollertrag: Holztriebbildung und die Entwicklung von Fruchtholz sollen sich in den kommenden Jahren die Waage halten. Der Fachmann spricht vom »physiologischen Gleichgewicht«. Dieser Idealzustand liegt vor, wenn der Baum reichlich Neutrieb bildet, regelmäßig Ernten bringt und gleichzeitig Blütenknospen für das kommende Jahr ansetzt. Wird dieses angestrebte Gleichgewicht gestört, greifen wir ein: Übermäßige Fruchtbarkeit wird durch stärkeren Schnitt gebremst; entwickeln sich dagegen in der Krone zu viele kräftige Holztriebe, so gleichen wir dies durch einen schwachen Schnitt aus.

Ableiten von Ästen

Im Rahmen des Instandhaltungsschnittes lassen sich auch etwas zu eng gewählte Pflanzabstände ein wenig ausgleichen – sei es, dass andere Obstbäume in unmittelbarer Nachbarschaft stehen oder stärkere Äste an das Haus anstoßen. In diesem Fall leiten wir einen zu langen und deshalb störenden Leitast auf einen weiter unten angesetzten Trieb, Zweig oder Ast ab. Anschließend wird mit den übrigen Leitästen ebenso verfahren, damit das **Gleichgewicht in der Krone erhalten** bleibt, d. h., die Enden der Leitäste sollen sich nach einem solchen Ableiten auf etwa gleicher Höhe befinden. Ebenso achten wir darauf, dass die Seitenäste den Leitästen untergeordnet bleiben. Auch sie werden also beim Ableiten der Leitäste entsprechend weit zurückgenommen, wobei die weiter unten an den Leitästen befindlichen Seitenäste immer

1 Vor (1) und nach dem Instandhaltungsschnitt (2). Ziel ist die Erhaltung des Gleichgewichts in der Krone.

2 Der Leitast wurde dazu auf einen tiefer angesetzten Trieb abgeleitet, ins Kroneninnere wachsende Triebe sind entfernt.

1 Dieser ältere ausgelichtete Apfelbaum zeigt durch starken Neutrieb ungebrochene Vitalität.

2 Beim Instandhaltungsschnitt werden die steil stehenden Triebe entfernt bzw. auf waagrecht stehende abgesetzt.

deutlich länger als die weiter oben stehenden sein sollten.

Als Folge eines eventuell erforderlich werdenden Ableitens (Zurücksetzens) der Leitäste und damit einer Verkleinerung der gesamten Krone wird es zu einem stärkeren Neutrieb kommen. Vor allem auf den Oberseiten der Leitäste entwickeln sich dann steil aufrecht stehende oder in das Kroneninnere wachsende kräftige einjährige Triebe. Man nennt sie vielfach als **»Wasserschosse«**, obwohl man streng genommen unter Wasserschossen nur die im beschatteten Kroneninneren entstandenen, geil gewachsenen und deshalb weichen Langtriebe versteht (siehe Seite 20). Da sich auf den Oberseiten der Leitäste entstandene Jungtriebe in der verhältnismäßig noch jungen Krone bald zu mächtigen »Ständern« oder »Reitern« entwickeln und die eigentlichen Leitäste überbauen, also unterdrücken würden, wehren wir bereits den Anfängen und entfernen alle senkrecht stehenden Jungtriebe. Dagegen werden Jungtriebe, die sich an Leit- und Seitenästen weitgehend waagrecht entwickelt haben, geschont. Sie bilden bei Apfel und Birne meist nach 2 Jahren Blütenknospen, während beim Steinobst solche Triebe bereits im Jahr nach dem Entstehen blühen und fruchten können.

Die Fruchtholzerneuerung

An der inzwischen im Vollertrag befindlichen Krone senken sich die Fruchtäste unter der Last der Früchte nach unten ab. Daraufhin entstehen auf der Oberseite der Fruchtbogen nach dem Gesetz der Scheitelpunktförderung meist zahlreiche aufwärts gerichtete Triebe. Bleiben sie ohne Schnitt, so verwandeln sie sich im 2. Jahr nach ihrer Entstehung ebenfalls zu Fruchtästen und biegen sich nach unten. Dabei wird der darunter befindliche Ast überdeckt und beschattet. Um die Krone weiterhin licht zu erhalten, ist deshalb beim

So wird ein nach unten gekippter Fruchtast auf einen über der Biegungsstelle (Scheitelpunktförderung) entstandenen Jungtrieb abgesetzt. Auf diese Weise bekommen wir neues Fruchtholz.

Instandhaltungsschnitt auf eine fortlaufende Fruchtholzverjüngung zu achten. Ist erst ein Fruchtbogen vorhanden und haben sich auf dessen Scheitelpunkt Jungtriebe entwickelt, so setzen wir den Fruchtast auf einen beson-

ders günstig gestellten Jungtrieb ab; die übrigen Jungtriebe werden entfernt.

Liegen dagegen bereits mehrere Fruchtbogen übereinander, weil seit Jahren kein Instandhaltungsschnitt erfolgte, so belassen wir nur den zuoberst befindlichen Fruchtast bzw. schneiden auch diesen – wenn er bereits unter der Fruchtlast nach unten gekippt ist – auf einen über der Biegungsstelle befindlichen Trieb ab. So erreichen wir eine ständige Fruchtholzerneuerung.

Des weiteren wird bei reich tragenden Bäumen das entlang der Äste und des Stammes vorhandene kurze Fruchtholz durch leichten Rückschnitt verjüngt. Jungtriebe, die sich ent-

1 Alter, ungepflegter Apfelbaum vor dem Auslichten. Die Triebe liegen dicht übereinander und beschatten sich gegenseitig. Folge: viel schorfiges Obst und im Kroneninneren grüne Früchte ohne Farbe und mit wenig Aroma.

2 Derselbe Baum nachher. Im nächsten Winter sollten noch weitere Äste entfernt werden, bis es möglich ist, »einen Hut durchzuwerfen«. Wenn die Leiter nicht ausreicht, kann mit einer Stangensäge bzw. -schere gearbeitet werden.

Nach einem gründlichen Auslichten bleiben die Früchte vieler Sorten zwar nicht völlig schorffrei, der Befall ist aber wesentlich geringer.

lang der stärkeren Äste oder am Stamm entwickelt haben und zu dicht stehen, entfernen wir ganz; die Übrigen bleiben unbehandelt.

Das Auslichten älterer ungepflegter Bäume

In zahlreichen Gärten stehen ältere Obstbäume, die noch nie oder schon lange nicht mehr geschnitten wurden. Andere wurden zwar möglicherweise jedes Jahr, aber falsch behandelt, so dass der Erfolg ausblieb.
Eine ideale Kronenform lässt sich in all diesen Fällen nicht mehr herstellen. Doch können wir durch kräftiges Auslichten wenigstens eine **bessere Fruchtqualität** erreichen.
Die Kronen ungepflegter Bäume sind meist viel zu dicht, die Äste im Bauminnern ohne Fruchtholz. Dafür bilden die unzähligen Triebe

Mehltaubefallene (Mitte) bzw. krebsige (links) Triebe oder Äste beim Auslichten vorrangig entfernen! Rechts ein gesunder Holztrieb (= Langtrieb).

im Außenbereich einer solchen Krone ein **dichtes Blätterdach,** das im Sommer kaum einen Lichtstrahl ins Innere lässt. Schon ab November können wir mit dem Auslichten beginnen und die Arbeit bis in den März hinein fortsetzen. Es darf kalt sein, nur möglichst nicht unter −5 °C.

Zunächst einmal werden alle dürren und kranken Äste entfernt, z. B. solche mit vielen Krebsstellen. Dann schneiden wir Äste heraus, die zu dicht auf anderen aufliegen und diese allzu sehr beschatten. Auch schwach gebliebene Äste oder solche, die sich über-

Mein Rat

Stark verwahrloste ältere Bäume nicht auf einmal auslichten, weil sonst an den verbleibenden Ästen kaum zu bändigender Neutrieb entsteht. Solche Obstbäume sollten besser auf 2–3 Jahre verteilt ausgeschnitten werden.

kreuzen, werden an den Ansatzstellen entfernt. Verständlicherweise lohnt sich dieser erhebliche Arbeitsaufwand nur bei gesunden und noch im besten Ertragsalter befindlichen Bäumen. Andere werden besser ganz gerodet oder noch einige Jahre »abgemolken«.

Am leichtesten ist das **Auslichten,** wenn wir wie folgt vorgehen: Vorrangig werden alle Äste herausgeschnitten, bei denen eindeutig feststeht, dass sie wegmüssen. Wir beginnen im oberen Bereich der Krone, steigen dabei zwischendurch aber immer wieder von der Leiter, um den Baum aus einiger Entfernung anzusehen. So tun wir uns leichter bei der Entscheidung, welche Äste als nächste abgesägt werden sollen.

Noch besser arbeitet man zu zweit: Einer steht auf der Leiter oder in der Krone und sägt, während der oder die andere in einiger Entfernung vom Baum beobachtet und Anweisungen gibt, welche Äste als Nächste herausmüssen. Natürlich sollte diese Person vom Obstbaumschnitt mindestens ebenso viel verstehen wie die am Baum befindliche, sonst fallen die falschen Äste.

Ältere, stark verwahrloste Kronen sollten nicht auf einmal ausgelichtet werden, weil sonst an den verbleibenden Ästen ein kaum zu bändigender, starker Neutrieb (»Wasserschosse«) entstehen würde. Solche Bäume werden besser in 2 bis 3 Wintern hintereinander ausgeschnitten, wobei natürlich die besonders störenden Teile zuerst entfernt werden. Vorrangig setzen wir zum Beispiel zu hohe Kronen auf tiefer stehende Äste ab, damit sich die Pflege und Ernte leichter durchführen lassen.

Wichtigstes Werkzeug für all diese groben Schnittarbeiten ist eine Baumsäge mit verstellbarem Blatt, außerdem eine stabile Leiter. Die Baumschere wird dagegen nur zum Schluss benötigt, wenn wir das dichte Triebgewirr an den äußeren Partien einer seit Jahren ungepflegten Krone lichten.

Wunden, die größer als ein 2-Euro-Stück sind, vor allem aber die Wunden von besonders großen Ästen werden mit einem **Wundverschlussmittel** verstrichen. So sind die Wunden gegen schädliche Einflüsse von außen geschützt und beginnen bald zu verheilen.

Am Ende der Durchforstung sollte die Krone eine stumpfpyramidale Form haben, also einem flachen Hausdach ähneln.

Wie schon gesagt: Eine Idealkrone lässt sich nicht mehr

erzielen, doch es ist schon viel erreicht, wenn in das Kroneninnere wieder genügend Luft und Licht gelangen können. Die Früchte werden dann größer und sind besser gefärbt, der Befall an Krankheiten und Schädlingen geht zurück und nicht zuletzt wird die Ernte wesentlich erleichtert.

Das Verjüngen

Durch Verjüngen lassen sich alternde Obstbäume zu neuem Leben erwecken.

Vor allem bei Bäumen, die kaum noch Neutrieb zeigen und deren Früchte zu klein bleiben, ist dies ratsam. Dadurch wird einer zunehmenden Vergreisung entgegengewirkt. Mit einer bloßen Fruchtholzverjüngung, die bei wüchsigen Sorten zu den laufenden

> *Mein Rat*
>
> Die Krone sollte nach Abschluss der Arbeit, also unter Umständen erst in 2–3 Jahren, so licht sein, dass man einen Hut hindurchwerfen kann.

Pflegearbeiten gehört, ist es bei überalterten Bäumen allerdings nicht getan.

Manchmal genügt bereits ein schwaches Verjüngen, also ein mäßiger Rückschnitt an allen Kronenteilen, meist empfiehlt es sich aber, stärker einzugreifen. Wir nehmen dann die Krone insgesamt um etwa ein Viertel bis ein Drittel zurück, d. h., sowohl die Stammverlängerung als auch die Leit- und Seitenäste werden kräftig bis ins alte Holz hinein zurückgeschnitten.

Nach dem Verjüngen lassen sich sowohl der Schnitt als auch die **Ernte erheblich leichter und gefahrloser** vornehmen. Außerdem entwickelt sich entlang der alten Äste neues Fruchtholz.

Erst auslichten, dann einkürzen

Ehe wir ans eigentliche Verjüngen gehen, wird die gesamte Krone ausgelichtet, so wie ab Seite 48 beschrieben. Anschließend kürzen wir alle verbliebenen Äste um 1–3 m ein. Leitäste und Stammverlängerung werden bis auf tiefer stehende Äste »abgesetzt«, also kräftig zurückgeschnitten. Wir beginnen mit dem schwächsten Leitast und nehmen die übrigen bis auf etwa gleiche Höhe zurück.

1 Werden die Austriebe auf zu kurze Stummel zurückgeschnitten, ist die Folge ein kräftiger Austrieb und immer mehr Wasserschosse.

2 Deutlich ist der »Erfolg« des Besenschnittes zu sehen (siehe auch die Abbildung auf der gegenüberliegenden Seite).

3 Außer waagrechten und leicht schräg stehenden Trieben verblieben wenige Holztriebe; sie wurden nicht eingekürzt.

Anschließend schneiden wir entlang der Leitastverlängerungen bis etwa 50 cm unterhalb der Spitzen alles Seitenholz auf Astring zurück. Dadurch entstehen aus »schlafenden Augen« neue Triebfortsetzungen.

Den bis ins alte Holz hinein zurückgeschnittenen Leitästen werden die Seitenäste und

Mein Rat

Die Nachbehandlung ist ebenso wichtig wie das Auslichten oder Verjüngen selbst. Ohne eine fachgerechte Nachbehandlung würde bald wieder eine viel zu dichte Krone entstehen.

Fruchtäste untergeordnet, d. h., auch diese werden bis tief ins alte Holz hinein zurückgenommen. Dabei sollten die tiefer stehenden Seitenäste verhältnismäßig lang bleiben, während man die triebmäßig begünstigten oberen Kronenpartien stärker verjüngt. Nachdem die Leit- und Seitenäste kräftig zurückgeschnitten wurden, setzen wir die Stammverlängerung auf einen tiefer stehenden seitlichen Ast ab.

Gleichzeitig wird das im Baum befindliche alte Fruchtholz kräftig ausgelichtet bzw. zurückgesetzt, damit auch an diesen Stellen ein Neutrieb erfolgen kann.

Nach getaner Arbeit sollte die gesamte Krone einem flachen Dach ähneln: Die Äste weiter unten sollten länger sein als die oberen.

So bringt man einen falsch geschnittenen Baum in Form
An diesem etwa 40 Jahre alten Apfelbaum wurden die Triebe alljährlich auf kurze Stummeln zurückge-
schnitten (oben links). Folge: kräftiger Austrieb, es entstanden immer mehr »Wasserschosse« (oben).
Verblieben sind an einem Stummel 4 Knospen, daraus entstanden 4 Holztriebe, die wieder auf 4 Augen
eingekürzt wurden, so dass im folgenden Sommer bereits 16 steil stehende Triebe vorhanden waren, usw.
Durch diesen »Besenschnitt« wurde die Krone immer dichter, es entstand nur Holz ohne Blüten und
Früchte. Bei der Umstellung wurden erst alle zu dicht stehenden Äste entfernt, dann die Mehrzahl der
kräftigen Holztriebe.

1 Zu dichter und zu hoher Apfelbaum vor dem Verjüngen. Die Ernte an solchen Bäumen ist selbst mit einer stabilen Leiter sehr gefährlich.

2 Und hier nachher: Die Krone wurde um nahezu 4 m heruntergesetzt, die starken Äste angepasst, bis eine stumpf-pyramidale Krone vorhanden war.

Mein Rat

Bei schwach wachsenden und im Alter besonders zur Kleinfrüchtigkeit neigenden Apfelsorten wie z. B. 'Klarapfel', 'Goldparmäne', 'Prinz Albrecht von Preußen' und 'Ontario' sowie bei Birnen wie etwa 'Williams' und 'Gute Luise' werden die Vorteile einer Verjüngung deutlich sichtbar, vor allem wenn diese in Verbindung mit einer Stickstoffdüngung erfolgt.

Der günstigste Zeitpunkt

Günstig ist es, das Verjüngen **ab November** vorzunehmen und es **bis Anfang März** zu beenden. Je früher der Schnitt, desto kräftiger der Austrieb! Lediglich Steinobstarten, die auf kräftigen Rückschnitt und den dadurch entstehenden Saft- oder Wasserüberschuss allzu leicht mit Gummifluss (Harzfluss) reagieren, sollen bereits im Sommer, am besten gleich nach der Ernte, verjüngt werden. Dies gilt vor allem für Kirsche, Pfirsich und Aprikosen, während Zwetschen (Pflaumen) zusammen mit Apfel und Birne verjüngt werden können.

Die Nachbehandlung ausgelichteter oder verjüngter Bäume

Mit dem Auslichten und Verjüngen allein ist es allerdings nicht getan. Entscheidend für den langfristigen Erfolg ist die Nachbehandlung, denn an den verbliebenen Ästen und entlang des Stammes bilden sich zahlreiche Jungtriebe.

Ohne Nachbehandlung entstehen bald wieder dichte Kronen, d. h., die Arbeit war umsonst.

Neues Fruchtholz

Um eine lichte Krone zu bekommen, muss spätestens im nächsten Winter bei der Nachbehandlung der größte Teil der Wasserschosse herausgeschnitten werden. Von den auf den Astoberseiten befindlichen, steil nach oben wachsenden Jungtrieben lässt man nur etwa alle 40–50 cm einen stehen, alle Übrigen werden entfernt.

Am besten nehmen wir diese Arbeit erst zu Beginn des Austriebs im Frühjahr vor. Der dann bereits im Saft stehende Baum wird auf diese Weise geschwächt und bildet in der Folge nicht wieder zu viele stark wachsende Jungtriebe.

Die verbleibenden Wasserschosse werden nicht eingekürzt; sie setzen im zweiten Jahr nach ihrem Entstehen meist Blütenknospen an und tragen im Jahr darauf Früchte.

Danach entfernen wir die abgetragenen an der Ansatzstelle, damit es Platz für neue gibt, die sich inzwischen entwickelt haben.

Würde man die zum Fruchten gekommenen ehemaligen Wasserschosse mehrere Jahre belassen, käme es zur Bildung so genannter Ständer auf den Oberseiten der Äste und damit zur unerwünschten Beschattung der darunter liegenden Kronenteile.

Schwächer entwickelte Jungtriebe, die nach dem Auslichten oder Verjüngen entstanden sind und sich leicht schräg oder beinahe waagrecht an den verbliebenen Ästen oder am Stamm befinden, können in engeren Abständen belassen werden. Sie entwickeln sich bald zu Fruchtholz.

Wer Zeit und Mühe nicht scheut, kann bereits

Ein Auslichten oder Verjüngen nützt nichts, wenn nicht danach ein Großteil der zahlreichen »Wasserschosse« entfernt oder auf waagrechte Triebe abgesetzt werden.

Mein Rat

Gesunde Bäume reagieren nach dem Auslichten und Verjüngen mit starkem Neutrieb aus dem Stamm und den verbliebenen Ästen. Durch richtigen Schnitt lässt
sich daraus Fruchtholz erzielen. Meist
dauert es 2 Jahre bis zur Blüte.

im Sommer nach dem kräftigen winterlichen
Eingriff die zu dicht stehenden Triebe an der
Ansatzstelle entfernen und die verbleibenden
in eine leicht schräge bis fast waagrechte
Lage binden.
Oder: Wir kürzen alle Triebe, die nach dem
winterlichen Auslichten der Wasserschosse

am Baum verbleiben, auf 4–6 Augen (Knospen) ein. Aus dem obersten Auge des eingekürzten Triebes entwickelt sich im Laufe des
Frühsommers meist ein neuer, kräftiger und
steil nach oben wachsender Holztrieb, während aus einer der darunter liegenden Knospen vielfach ein schwächerer, etwas schräger
oder fast waagrechter Trieb entsteht. Im Winter darauf schneiden wir bis auf diesen zurück; es bildet sich Fruchtholz.
Neben solchen Jungtrieben, die bald blühen
und fruchten, verbleibt in einer gut aus-
gelichteten oder verjüngten Krone auch so
manches alte Fruchtholz. Wenn wir es ebenfalls leicht verjüngen, also etwas einkürzen,
werden sich daran Blüten und Früchte von
wesentlich besserer Qualität als im Vorjahr
entwickeln.

Ein regelmäßig verjüngter und gut gepflegter Apfelbaum erfreut auch noch nach vielen Jahren durch eine
reiche Ernte und liefert kerngesunde Früchte zum Einlagern.

Spindelbusch

Spindelbüsche behalten zeitlebens eine kleine Krone. Sie werden nicht höher als 2–2,50 m. Alle nötigen Pflegearbeiten, vor allem Ernte und Schnitt, können bequem durchgeführt werden. Wir benötigen dazu nur einen Hocker oder eine niedrige Haushaltsstaffelei, das meiste lässt sich sogar aus dem Stand erledigen.

Wegen der klein bleibenden Krone genügen **Pflanzabstände von 1,80–2,50 m.** Wir können deshalb auf der gleichen Fläche, die ein Halb- oder Hochstamm beansprucht, 6–8 Spindelbüsche unterbringen. Eine ideale Möglichkeit für den Haus- und Kleingarten, mehrere Sorten zu pflanzen. Der geringe Platzbedarf setzt allerdings voraus, dass der Spindelbusch in der Baumschule auf eine schwach wachsende **Unterlage** veredelt wurde. Je nach Bodenart und Sorte eignen sich M 27, M 9, M 26 und eventuell M 7 besonders gut, wobei M 9 und M 26 die meist verwendeten sind.

Für Birnen wird die verhältnismäßig schwach wachsende Quitte verwendet, doch bleiben Birn-Spindelbüsche auf dieser Unterlage meist nicht ganz so klein, wie dies bei Apfelsorten auf schwach wachsender Unterlage der Fall ist.

Ein weiterer Vorteil des Spindelbusches: Er trägt meist schon ab dem 2. Jahr nach der Pflanzung. Nach wenigen Jahren kann man von einem gepflegten Bäumchen durchaus 150 und mehr Äpfel oder Birnen, also 20–30 kg und darüber ernten. Es empfiehlt sich deshalb, je nach Grundstücksgröße nur einen oder wenige großkronige Obstbäume

Der Spindelbusch, die ideale Baumform für die Selbstversorgung mit Obst aus dem eigenen Garten. 100–200 Früchte an solch einem nur 2,20–2,50 m hohen Bäumchen sind keine Seltenheit. Auf dem Bild: 'Prinz Albrecht von Preußen'.

Mein Rat

An Stelle einer dichten Hecke können Spindelbüsche z. B. in einer Reihe entlang der Nachbargrenzen stehen. Auf diese Weise lassen sich lockerer Sichtschutz und Ernte von Qualitätsobst kombinieren.

(Halb- und Hochstamm) zu pflanzen – mehr aus gestalterischer Sicht an markanten Stellen – und den Obstbedarf überwiegend mit Spindelbüschen zu decken.

Ein Ballerina-Bäumchen, schlank und rank. Triebe, die aus der Fruchtsäule herausragen, auf Handlänge einkürzen.

Spindelbüsche werden allerdings nicht so alt wie die auf Sämlingsunterlage veredelten Apfel- und Birnbäume (Halb- und Hochstämme); man kann mit etwa 20–25 Jahren rechnen. Außerdem benötigen sie wegen des schwachen Wurzelwerks zeitlebens einen Pfahl oder ein Spaliergerüst.

Eine **Schlanke Spindel** lässt sich nur erzielen, wenn wir beim Pflanz- und Erziehungsschnitt eine mit dem natürlichen Wuchs eines Weinnachtsbaumes vergleichbare, spitzpyramidale Krone mit fast waagrechten bzw. nur leicht schräg stehenden Trieben (Fruchtäste) aufbauen. Diese sollten gleichmäßig um den Mitteltrieb bzw. Stamm herum entstehen, und zwar immer auf Lücke, damit sie sich nicht gegenseitig beschatten. Außerdem soll sich entlang des Stammes und der Fruchtäste locker gestreut kurzes und längeres Fruchtholz befinden. Es gibt Sorten, bei denen die Seitentriebe wie gewünscht ziemlich waagrecht aus dem Mitteltrieb bzw. Stamm wachsen. Ist dies nicht der Fall, binden wir in den ersten Jahren zu steil stehende Triebe entlang des Stammes waagrecht oder bringen sie anderweitig (Seite 25) in eine waagrechte Lage. Dadurch erreichen wir, dass sich der Stamm gleichmäßig mit Fruchtästen bzw. Fruchtholz garniert.

Der Pflanzschnitt

Er wird wie beim Halb- und Hochstamm **im zeitigen Frühjahr** durchgeführt, ganz gleich, ob die Pflanzung bereits im Herbst oder im Frühjahr erfolgte.

Eine Reihe schlanker Spindeln entlang der Nachbargrenze bietet etwas Sichtschutz und bringt zudem köstliche Früchte.

Haben wir den Spindelbusch in der Baumschule als **einjährige Veredlung** mit einigen vorzeitigen Trieben gekauft, so entfernen wir zunächst einmal alle zu tief angesetzten Triebe bis auf etwa 50 cm Stammhöhe. »Vorzeitige Triebe« sind Verzweigungen, die sich im selben Jahr an den jungen, einjährigen Trieben bilden. Anschließend werden die darüber befindlichen, zu dicht oder sehr steil stehenden vorzeitigen Triebe weggeschnitten, bis nur noch 3–4 seitliche Triebe verbleiben, die wir auf 3–5 Augen einkürzen. Dabei werden die oberen Triebe weiter zurückgeschnitten (3 Augen), die unteren länger (5 Augen) belassen. Der Mitteltrieb wird schließlich auf 5–7 Augen über dem zuoberst befindlichen

seitlichen Trieb zurückgeschnitten, so dass von Anfang an eine pyramidale Krone vorhanden ist. Nach diesem Rückschnitt hat die einjährige Veredlung, also der Mitteltrieb, meist noch eine Höhe von 0,90–1,20 m.

Haben wir dagegen den Baum von der Baumschule mit **zweijähriger Krone** bezogen, wie in den meisten Fällen, so werden zuerst der Konkurrenztrieb sowie die tiefer als 50 cm über dem Boden entstandenen Triebe weggeschnitten. Dann binden wir 4 gut verteilte Triebe fast waagrecht, sofern sie nicht von selbst in ziemlich flachem Winkel aus dem Stamm entspringen. Diese Triebe, die in etwa den späteren Fruchtästen beim Halb- und Hochstamm entsprechen, bleiben so, wie sie

Pflanzschnitt bei einem 2-jährigen Spindelbusch

1 Konkurrenztrieb und andere kräftige, steil stehende Triebe entfernen. In diesem Beispiel ist es nur der links vom Stamm befindliche.

2 Im nächsten Schritt den Mitteltrieb über dem obersten seitlichen Trieb auf etwa 5–7 Knospen zurückschneiden.

3 Nun etwa 4 gut verteilte Triebe waagrecht binden, sofern sich diese nicht bereits waagrecht am Stamm befinden.

sind, d. h., sie werden nicht eingekürzt. Dadurch setzt der Ertrag früher ein, und als Abstand zum nächsten Spindelbusch genügen meist 1,50–2 m, da das Bäumchen bei dieser Methode schlank bleibt. Auch hier wird der Mitteltrieb auf etwa 5 bis 7 Knospen über dem zuoberst befindlichen seitlichen Trieb zurückgeschnitten. Eine andere Möglichkeit: 4 Triebe in eine nur leicht schräge Stellung bringen und sie um mindestens ein Drittel bis zur Hälfte auf ein nach außen gerichtetes Auge einkürzen. In diesem Fall entwickelt sich ein Gerüst aus kräftigeren Fruchtästen, und man muss von Baum zu Baum 1,80 bis 2,50 m Abstand einhalten. Weitere starke Triebe entlang des Stammes werden bei beiden Möglichkeiten des Pflanz-

schnittes entfernt. Vorhandene Kurztriebe verbleiben dagegen am Stamm; sie werden nicht eingekürzt.

Abschließend wird der Mitteltrieb auf 5–7 Augen (Knospen) über dem obersten seitlichen Trieb zurückgeschnitten. Dadurch treiben die verbleibenden Augen zuverlässig aus, d. h., entlang des Mitteltriebes entstehen viele Seitentriebe beziehungsweise Fruchtholz. Auch an den waagrecht gestellten oder leicht schrägen Fruchtästen entwickelt sich rasch Fruchtholz. Dadurch setzt der Ertrag bereits im 2. Jahr nach der Pflanzung ein. Zu lange Triebe sind ein Zeichen für zu starkes Wachstum! Grundsätzlich sollte man beim Schnitt von Kernobst darauf achten, dass fruchtbare kurze Triebe überwiegen.

Der Erziehungsschnitt

In den folgenden Jahren sollen entlang des Stammes weitere Fruchtäste entstehen, locker gestreut und so am Stamm angeordnet, dass sie zwischen den darunter befindlichen Fruchtästen auf Lücke stehen. Beim Rückschnitt dieser Triebe auf nach außen gerichtete Knospen streben wir eine spitzpyramidale Krone an.

Im Gegensatz zu Halb- und Hochstamm, bei denen das Kronengerüst aus Stamm (Mitteltrieb), Leitästen und Seitenästen besteht, an denen sich Fruchtäste und kürzeres Fruchtholz befinden, bauen wir den Spindelbusch nur mit dem Stamm und mehreren Fruchtästen auf; je Meter Stammlänge können wir etwa 5–7 solcher Fruchtäste belassen, an denen sich, ebenso wie entlang des Stammes, kürzeres Fruchtholz entwickelt.

Mein Rat

Spindelbüsche benötigen zeitlebens einen Pfahl. Sie besitzen nur ein schwaches Wurzelwerk und würden in vollem Fruchtbehang oder bei Schneedruck umfallen. Deshalb Pfahl immer wieder einmal überprüfen und, wenn nötig, erneuern.

Instandhaltungsschnitt

Neben dem weiteren Aufbau der kleinen Spindelbuschkrone beschränkt sich die Schnittarbeit in den folgenden Jahren überwiegend auf eine leichte Verjüngung: Wir leiten abgetragene Triebteile, die meist bogenförmig nach unten hängen, auf Jungtriebe ab, die an deren Scheitelpunkt entstanden sind.

Mehrjähriger, gut aufgebauter Spindelbusch, bei dem nur geringfügige Schnittkorrekturen nötig sind.

Ebenso wird Fruchtholz, das älter als 3 Jahre ist, entfernt, da sich sonst der reich tragende Spindelbusch rasch erschöpfen wür de. Bei Apfelsorten, die bereits am einjährigen Holz blühen, wie 'James Grieve', 'Golden Delicious' und anderen lässt man die Fruchttriebe nur 2 Jahre alt werden.

Ab dem 5.–6. Jahr setzen wir die Fruchtäste auf günstig gestellte Jungtriebe ab beziehungsweise kürzen die Enden der Fruchtäste etwas ein. Dadurch wird der Neutrieb angeregt und einer raschen Erschöpfung vorgebeugt. Nach dem Schnitt soll der Spindelbusch seine pyramidale Form beibehalten. Achtet man darauf, dass die unteren Fruchtäste länger als die oberen sind, sieht das Bäumchen nicht nur hübsch aus; diese Form hat zudem praktische Gründe: Bei einer Pyramidenform sind nämlich alle Teile optimal belichtet. Belässt man dagegen die zur Spitze hin entstandenen Fruchtäste länger als die darunter befindlichen, so führen letztere bald ein »Schattendasein«. Sie würden von den weiter oben befindlichen, vom Saftstrom her begünstigten Trieben überbaut und mehr und mehr verkümmern.

Neben dem Schnitt im Winter empfiehlt sich bei Spindelbüschen ein Sommerschnitt, nicht nur im Jahr der Pflanzung und die ersten Jahre danach, sondern auch später. Ausführliche Informationen hierzu finden sich unter »Sommerschnitt« (Seite 43).

Ältere Spindelbüsche mit gleichmäßig um den Stamm verteilten waagrechten Fruchtästen, die mit Fruchtholz garniert sind.

Beim Pflanzen beachten: Die knollig verdickte Veredlungsstelle muss über dem Boden verbleiben. Andernfalls beginnt der Baum zu stark zu wachsen.

Das Verjüngen

Nach mehreren Ertragsjahren wird auch beim Spindelbusch ein Verjüngen notwendig. Sobald der jährliche Neutrieb nur noch wenige Zentimeter beträgt, setzt man die Stammverlängerung (Mitteltrieb) einen halben Meter und mehr herunter. Gleichzeitig werden alle Fruchtäste kräftig bis ins alte Holz hinein zurückgeschnitten, d. h., wir setzen sie auf Triebe ab, die sich näher am Stamm befinden, und verjüngen das Fruchtholz.
Auch beim Verjüngen darauf achten, dass die spitzpyramidale Form erhalten bleibt, d. h., die unteren Fruchtäste sollten länger als die weiter oben befindlichen sein.

Dieser Spindelbusch wurde zu tief gepflanzt. Er hat sich »frei gemacht« d. h., er hat Wurzeln oberhalb der Veredlungsstelle gebildet.

So kann der Nachteil behoben werden: Erde um den Stamm entfernen, Veredlungsstelle freilegen und die darüber befindlichen Wurzeln wegschneiden.

Abhilfe bei fehlerhafter Pflanzung

Wenn ein Spindelbusch zu stark treibt und eine zu große Krone entwickelt, kann dies zwei Ursachen haben: Entweder ist er auf einer zu stark wachsenden Unterlage veredelt, oder aber er wurde zu tief gepflanzt. Starker Rückschnitt hilft in beiden Fällen nicht weiter. Wurde zu tief gepflanzt, ist also die Veredlungsstelle (knollige Verdickung am Stamm) mit Erde bedeckt, so können sich über dieser, also aus dem Stamm der Edelsorte, Wurzeln entwickeln. Die Wirkung der schwach wachsenden Unterlage ist ausgeschaltet; das Bäumchen beginnt kräftig zu wachsen, als wäre es auf Sämling veredelt. Dies lässt sich beheben: Erdreich um den Stamm entfernen, Veredlungsstelle freilegen und die oberhalb der Veredlungsstelle aus dem Stamm entstandenen Wurzeln wegschneiden, sofern sie nicht mehr als daumenstark sind. Mehrere Wurzeln dieser Stärke entfernt man besser im Laufe von 2 Jahren, um die Umstellung zu erleichtern.

Obsthecke

An Stelle einer Reihe von Spindelbüschen können wir entlang der Nachbargrenze auch eine Obsthecke ziehen. Ernte und Sichtschutz lassen sich auf diese Weise gut kombinieren. Außerdem wird **noch weniger Platz benötigt,** weil sich die Äste nur nach 2 Seiten hin entwickeln. Diese Erziehungsform bietet sich deshalb besonders für schmale Reihenhausgärten an. Ein weiterer Vorteil: Die Früchte bekommen besonders viel Sonne und färben sich vorzüglich aus.

Mir gefallen allerdings Spindelbüsche besser, und zwar aus optischen Gründen. Dies sind richtige kleine Bäumchen, eine Obsthecke dagegen ist eine **grüne Wand.** Zur Blütezeit färbt sie sich zwar weißlich-rosa, der herbstliche Fruchtbehang ist eine Schau, aber – es bleibt eben eine Wand. Wer genügend Platz hat, sollte sich dies vor der Pflanzung reiflich überlegen.

Eine weitere Entscheidungshilfe, wenn auch leicht ironisch gemeint: Wer seine Nachbarn gerne sieht, pflanzt Spindelbüsche, wem diese weniger sympathisch sind, schirmt sich mit einer Obsthecke oder gar einer Thujenhecke ab.

Hier wurden Spindelbüsche mit 2,50 m Abstand gepflanzt und als Obsthecke gezogen. Vorteile: geringer Platzbedarf, bequeme Pflege und Ernte.

Eine Obsthecke ziehen

Eine Obsthecke ist wesentlich leichter zu ziehen als etwa ein strenges Formspalier. Die Triebe werden an einem Drahtgerüst befestigt, dessen Bau u. a. in »Obst aus dem eigenen Garten« (ebenfalls BLV Verlagsgesellschaft München) beschrieben ist. Als Bäume pflanzen wir – ebenso wie beim Spindelbusch – ein- oder zweijährige Veredlungen. Geeignete **Unterlagen** für die Heckenerziehung sind die schwach wachsenen M 9 und M 26 sowie M 7 und MM 106, die etwas stärker wachsend sind. Sind die Bäumchen auf M 7 oder MM 106 veredelt, sollte der Pflanzabstand etwas weiter, etwa 2,50 m, gewählt werden. Auch hier das Gerüst gelegentlich überprüfen, wenn die Pfähle aus Holz sind.

Obsthecke im Sommer nach der Pflanzung. Die waagrechten Triebe werden entlang der Spanndrähte gezogen.

Schnitt der Obsthecke

Der Schnitt ist einfach: Die stärkeren Triebe sollen sich nur nach 2 Seiten hin entwickeln. Diese seitlichen Äste werden in einem stumpfen Winkel zum Stamm oder aber weitgehend waagrecht gezogen. Bereits bei der Pflanzung heften wir die beiden untersten Seitentriebe an den untersten Draht und kürzen den Mitteltrieb über einer etwa 50 cm darüber befindlichen Knospe ein. Anfänglich sollte der Austrieb dieser Seitentriebe immer leicht schräg nach oben gerichtet sein, da sie sonst gegenüber dem Mitteltrieb wuchsmäßig zu sehr benachteiligt würden. Erst im Laufe des Sommers bzw. im Herbst binden wir sie dann – sofern eine Hecke mit weitgehend waagrechten Ästen angestrebt wird – auf den untersten Draht herunter. Es gilt also darauf zu achten, dass die aus den Endknospen der Seitenäste entstehenden Jungtriebe den Sommer über immer schräg nach oben wachsen, weil sie sich dadurch wesentlich kräftiger

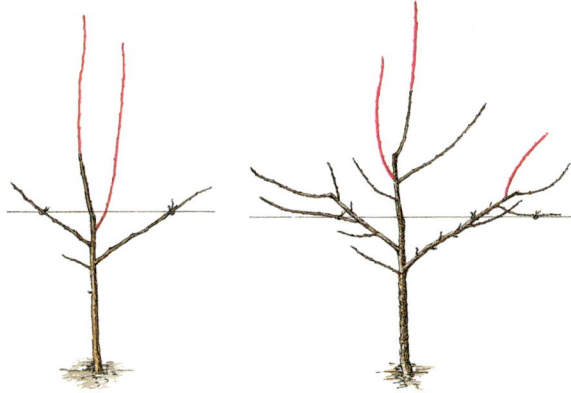

Schnitt bei Pflanzung und im 2. Jahr: Konkurrenztrieb entfernen, Mitte zurückschneiden, Seitentriebe anbinden.

Welchem Hobbygärtner würde hier nicht das Herz lachen. Ausschnitt aus einer Obsthecke im Vollertrag. Hier die beliebte Sorte 'Goldparmäne'. Der Blumentopf ist mit Holzwolle gefüllt. Er dient Ohrenhöhlern, also Blattlausfeinden, als Quartier.

entwickeln. Notfalls können wir sie stäben, damit sie in diese Stellung kommen.

Nach dem Pflanzschnitt treibt das oberste Auge des Mitteltriebs kräftig aus. Auch aus den dicht darunter befindlichen Augen entstehen Triebe, von denen die 2 geeignetsten wiederum zu beiden Seiten entlang des folgenden Spanndrahtes gezogen werden.

Im kommenden Frühjahr schneiden wir wieder nur den Mitteltrieb auf 50 cm über der 2. Astserie zurück, damit die nächsten Seitenäste entstehen können. So entwickelt sich eine frei wachsende Obsthecke, aus der nur alle sehr steil wachsenden und die zu dicht stehenden Triebe an der Ansatzstelle entfernt werden. Schräg stehende Triebe, die sich am Stamm zwischen den seitlichen Ästen bilden, binden wir im Sommer waagrecht. Diese und flach stehende Triebe, die sich am Stamm oder an den Ästen parallel zum Drahtgerüst entwickelt haben, bleiben ohne Rückschnitt; aus ihnen wird Fruchtholz.

Weiter achten wir beim Aufbau der Hecke darauf, dass die weiter unten befindlichen Seitenäste immer länger als die Äste der nächsten Etage sind. Die Obsthecke sollte **nicht höher als 2,20–2,50 m** werden. Ein kleiner Garten wirkt optisch größer, wenn die Hecke niedriger bleibt, etwa 1,80–2,00 m (schwach wachsende Unterlage!). Sobald die Obsthecke die gewünschte Höhe erreicht hat, biegen wir den Mitteltrieb auf den obersten Spanndraht herunter.

Senkrechte Triebe, die naturgemäß auf der Oberseite des heruntergebogenen Mitteltriebes entstehen, werden entfernt.

Apfel- und Birnenspalier

Obstbäume an Hauswänden können

- als **locker aufgebautes Spalier,**
- als **naturgemäßes Fächerspalier** oder
- als **strenges Formspalier** gezogen werden.

Die beiden erstgenannten Methoden erfordern weniger Kenntnisse, der Arbeitsaufwand ist geringer. Das Fruchtholz ist allerdings etwas ungleichmäßiger verteilt und steht meist weiter von der Hauswand ab, als dies bei einem strengen Formspalier der Fall ist. Für eine **größere Wandfläche** eignet sich ein locker aufgebautes oder ein Fächerspalier besonders gut. Hier kann es sich frei entfalten, vor allem wenn eine starkwüchsige Sämlingsunterlage verwendet wurde. Selbst unter klimatisch ungünstigeren Verhältnissen – die Wahl geeigneter Sorten und richtiger Schnitt vorausgesetzt – bringen naturgemäß gezogene Spaliere regelmäßigere Erträge und ebenso schönes Obst wie ein im klassischen Fruchtholzschnitt behandeltes Formspalier.

Das locker aufgebaute Spalier

Wir verwenden dazu Pflanzmaterial auf schwach wachsenden Unterlagen, wenn nur eine **kleinere Wandfläche** (Garage, Geräteschuppen u. Ä.) bedeckt werden soll, bzw. stark wachsende Unterlagen, wenn es sich um eine **größere Wandfläche** handelt. In diesem Fall wird in der Baumschule bzw. im Garten-Center ein Baum gekauft, der auf Apfel- oder Birnsämling veredelt ist.

Nach der Pflanzung heften wir die beiden unteren Seitentriebe leicht schräg nach links und rechts an das Spaliergerüst an und kürzen sie um etwa ein Drittel auf ein nach vorne stehendes Auge ein. Der Mitteltrieb wird etwa 50 cm darüber abgeschnitten.

Ein locker gezogenes Birnenspalier. An Dübeln befestigte Drähte dienen den Ästen als Halt. Solch ein Spalier braucht wenig Pflege und belebt die Hauswand.

Mein Rat

Die Birne eignet sich vorzüglich als Wandspalier, der Apfel dagegen nur ausnahmsweise (z. B. 'Weißer Winterkalvill'). Empfehlenswerte Unterlagen: Birnsämling für größere, Quitte für kleinere Wandflächen wie Garage, Geräteschuppen und Ähnliches.

Dadurch treibt die Mitte kräftig durch, und es entstehen unterhalb der Schnittstelle am Stamm mehrere Triebe, von denen die 2 geeignetsten wiederum zu beiden Seiten an die nächstfolgende waagrechte Spalierlatte angebunden werden. Im Frühjahr darauf wird die Stammverlängerung erneut auf 50 cm über der 2. Astserie zurückgeschnitten, damit die nächsten Seitenäste entstehen können. So entwickelt sich ein locker aufgebautes Obstspalier, an dem nur die am Stamm und an den seitlichen Ästen sehr steil und zu dicht stehenden Triebe direkt an der Ansatzstelle entfernt werden.

Achten Sie darauf, dass die unteren Spalieräste immer länger sind als die der nächstfolgenden Etage! Die so entstehende Spalierform ähnelt im Aussehen dem strengen Formspalier, benötigt aber einen geringeren Arbeitsaufwand.

Das Fächerspalier

Beim Fächerspalier handelt es sich um eine auf zwei Dimensionen reduzierte und etwas in die Breite gehende, ansonsten aber normale Kronenform (siehe Abb. unten), die beson-

Auch eine Holzwand lässt sich mit einem frei gezogenen Spalier, hier 'Clapps Liebling', vorteilhaft bekleiden. Birnen eignen sich hierfür besonders gut, denn im Gegensatz zu Äpfeln lieben sie Wärme, die selbst noch bei Nacht abstrahlt. Sorten bevorzugen, die zur Bildung von kurzem Fruchtholz neigen!

1 Im ersten Jahr die unteren Seitentriebe an das Gerüst anheften und den Mitteltrieb auf 50 cm kürzen.

2 Am Mitteltrieb entstehen nun neue Triebe, von denen wiederum zwei waagrecht angebunden werden.

3 Den Mitteltrieb im Frühjahr wieder auf 50 cm einkürzen, damit die nächsten Seitenäste entstehen können.

4 Schon bald können Sie sich an der eigenen Ernte erfreuen, hier die Sorte 'Weißer Winterkalvill'.

ders im Winter sehr malerisch wirkt. Diese Erziehungsform eignet sich vor allem für Pfirsich, Aprikosen und Sauerkirschen. Nach der Pflanzung wird der Mitteltrieb nicht senkrecht gezogen und eingekürzt, sondern leicht schräg gebunden. Durch das Umbiegen wird die Triebkraft gebremst und die Entwicklung von Fruchtholz gefördert.

Kräftige, senkrecht stehende Holztriebe, die sich an der Biegungsstelle bilden, nicht einkürzen, sondern nach links und rechts bogenförmig umlegen und am Spaliergerüst anbinden. Das Zuviel an stark wachsenden Trieben dicht an der Ansatzstelle wegschneiden. Nicht einkürzen, da sonst zahlreiche Holztriebe entstehen würden, also »Besenbildung« auf Kosten der Fruchtbarkeit.

Eingekürzt wird bei einem Fächerspalier nur, wenn die unteren Augen der bogenförmig gebundenen Triebe nicht austreiben und hier kein Fruchtholz entsteht. Triebe im Juli/August waagrecht binden bzw. bogenförmig umlegen.

Das streng gezogene Spalier (Formspalier)

Streng geschnittene Formobstbäume, sei es an der Hauswand oder aber an einem Spalier freistehend im Garten, kommen wieder in Mode. Sie verursachen allerdings viel Arbeit. Besonders Birnsorten, die zu kurzer Fruchtholzbildung neigen, eignen sich bestens für strenge Spalierformen. Das Gleiche gilt für den **Apfel**, allerdings mit der Einschränkung, dass er nur im Garten an einem Lattengerüst gezogen werden soll, nicht aber an der Hauswand; hier ist es für diese Obstart zu warm und trocken. Der Wuchs lässt dann meist zu wünschen übrig, und es kommt leicht zu Schädlingsbefall. Ich kenne nur eine Sorte, die sich für ein Spalier an der Hauswand, sogar möglichst Südseite, vorzüglich eignet: 'Weißer Winterkalvill'.

Wenn dann noch zusätzlich ein vorstehendes Dach den Regen völlig abhält, kann man von

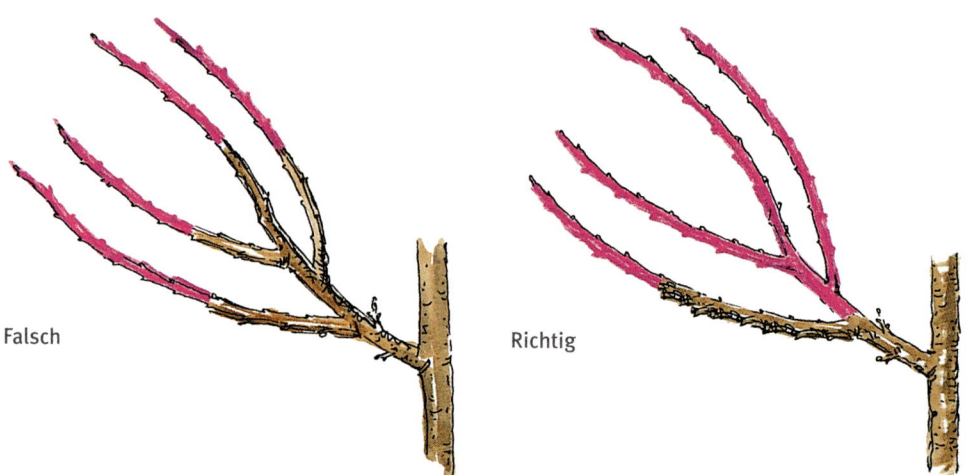

Falsch   Richtig

Winterschnitt falsch und richtig! Nur den untersten, nahe an der Spalierwand befindlichen Trieb belassen und einkürzen, die übrigen entfernen!

dieser hochwertigen, aber ebenso empfindlichen Sorte ohne jegliche Spritzung köstliche und völlig krankheitsfreie Äpfel ernten, die sich bis zum März lagern lassen.

Der Winterschnitt

Der Pflanzschnitt erfolgt wie bei einem locker aufgebauten Spalier oder Fächerspalier. Im kommenden Winter werden die Fortsetzungen des Stammes und der Spalieräste so weit zurückgeschnitten, dass alle Augen austreiben und sich die Äste möglichst gleichmäßig mit Fruchtholz bekleiden.

Über die richtige Stärke des Rückschnitts kann keine genaue Angabe gemacht werden, sie schwankt je nach Sorte, Boden, Düngung usw. Wir sollten deshalb gut beobachten. Zumindest im 2. Winter nach der Pflanzung können wir feststellen, wie der Baum auf den Rückschnitt reagiert hat: Haben nach dem letztjährigen Schnitt nicht alle Augen ausgetrieben, ist also der untere Teil der Verlängerungstriebe kahl geblieben, so sollte diesmal stärker zurückgeschnitten werden. Ist dagegen aus allen Knospen ein Austrieb erfolgt und war dieser teilweise sogar zu stark, so genügt ein mäßiger Rückschnitt.

Der winterliche Rückschnitt der Verlängerungstriebe erfolgt möglichst über einem nach vorne stehenden Auge. Bei **mehrarmigen Formbäumen** schneiden wir außerdem so, dass anschließend die einzelnen Äste gleich lang sind. Damit auch die im unteren Bereich der Verlängerungstriebe vorhandenen Augen an aufrecht oder schräg gezogenen Spalierästen sicher austreiben, bringen wir über diesen mit der Hippe oder einem anderen scharfen Messer halbmondförmige Einschnitte an, die bis in das Splintholz reichen müssen.

Der Winterschnitt wird am besten erst **gegen Ende Februar** vorgenommen, weil sonst die

Endknospen, aus denen wir die Fortsetzung der Spalieräste erwarten, beschädigt werden könnten.

Sobald dann im Frühjahr die aus dem obersten Auge jedes eingekürzten Verlängerungstriebes entstandenen Neutriebe etwa 20 cm lang geworden sind, binden wir sie an die Spalierlatten an. Wachsen gleichwertige Äste ungleich, so werden die stärker wachsenden Astverlängerungen zugunsten der schwächer wachsenden entspitzt.

Bei Spalieren mit Stamm und waagrechten Ästen ist außerdem darauf zu achten, dass die weiter unten am Stamm befindlichen Äste immer länger sind als die weiter oben angesetzten. Auch hier gilt: Je höher sich Triebe am Baum befinden, desto mehr werden sie im Wachstum gefördert, weil der Saft-Nährstoff-Strom nach oben steigt.

Der Sommerschnitt

Gerade wenn man Spalierobstbäume nach strengen klassischen Vorbildern formen möchte, ist ein Sommerschnitt unerlässlich. Nur auf diese Weise lässt sich das Wachstum begrenzen und gleichzeitig der Blüten- und Fruchtbildung fördern. Neben Fruchtholz entwickeln sich entlang der einjährigen Astverlängerungen – also an den Trieben, die im vorigen Jahr entstanden sind – zahlreiche Holztriebe. Damit die strenge Baumform entsteht, müssen sie in kurzes Fruchtholz umgewandelt werden. Dazu entspitzen (**pinzieren**) wir die jungen grünen Triebe, sobald sie etwa 20 cm lang geworden sind, d. h., wir kneifen mit den Fingern die Triebspitzen über etwa

3–4 gut entwickelten Blättern aus. Dieses Entspitzen sollte etwas über dem Blatt erfolgen. Auf dieses erste Entspitzen hin reagiert der Baum in aller Regel mit erneuter starker Holztriebbildung: Aus den oberen 1 bis 3 Augen der entspitzten Triebe entwickeln sich neue Triebe. Ist nur aus dem obersten Auge ein Trieb entstanden, so wird dieser jetzt auf 2 Blätter entspitzt, sobald er an die 20 cm lang geworden ist.

Treiben nach dem ersten Entspitzen aus mehreren Augen Holztriebe, darf nur der unterste verbleiben. Andernfalls würde das Fruchtholz zu dicht. Die überzähligen Triebe werden über dem untersten weggeschnitten, der verbleibende auf zwei gut entwickelte Blätter eingekürzt.

Wer möchte nicht in diesem romantischen Laubengang aus Apfelblüten lustwandeln.

Ein mehrarmiges Birnenspalier schirmt hier den Sitzplatz ab.

Holztriebe, die während des Frühsommers auf mehrjährigem Fruchtholz entstehen, kürzen wir stärker ein, weil sonst das Fruchtholz zu weit von den Hauptästen abstehen und die klassisch strenge Form stören würde. Hier genügt es, wenn beim 2. Entspitzen nur ein gut entwickeltes Blatt verbleibt.

Zeigt ein entspitzter schwacher Holztrieb keinen neuen Austrieb, so bleibt er während des 2. Entspitzens unberührt. In diesem Fall bildet sich vielfach aus dem obersten Auge eine Blütenknospe, zumindest aber bleibt der Trieb kurz. Wichtig ist, dass die Triebe beim Entspitzen nicht länger als 20–25 cm, also nicht zu sehr verholzt sind. Sie sollten noch krautartig weich sein, weil sonst die Umwandlung in kurzes Fruchtholz nicht gelingt.

Wasserschossartige Holztriebe auf der Oberseite von waagrecht oder schräg wachsenden Spalierästen schneiden wir bald nach Entstehen unmittelbar am Ast ab; sie lassen sich nicht zu Fruchtholz umbilden.

Erstes Entspitzen (Pinzieren) im Mai/Juni, zweites gegen Ende Juli (links). Treiben nach dem ersten Pinzieren mehrere Holztriebe aus, dann nur den untersten belassen und diesen entspitzen (rechts).

Ein Birnenspalier mit schrägen Ästen. Nur mit klassischem, also strengem Fruchtholzschnitt lässt sich das Aussehen solcher Formobstbäume erhalten.

Nach dem Entfernen entstehen meist aus den an der Basis vorhandenen »schlafenden Augen« neue, schwächere Triebe, die mehr seitlich gerichtet sind. Aus ihnen lässt sich auf die oben beschriebene Weise kurzes Fruchtholz erzielen.

»Hirschgeweihe« an älteren Formobstbäumen

Wenn an älteren Spalierbäumen das Fruchtholz zu dicht steht, sollte mit der Baumschere gelichtet werden. Das Gleiche gilt, wenn das Fruchtholz durch falsche Schnittbehandlung zu lang geworden ist und weit von der Hauswand oder vom Spaliergerüst wegsteht. Solche »Hirschgeweihe« gehören verjüngt, d. h., wir schneiden kräftig zurück, bis das verbleibende Fruchtholz nicht mehr als etwa 20 cm von den senkrechten, schrägen oder waagrechten Spalierästen entfernt ist. Nach einer solchen Verjüngung kommt die grafische Wirkung einer strengen Spalierform erst wieder richtig zur Geltung, vor allem aber erhalten Blätter und Früchte mehr Licht und Luft.

Schnitt bei Zwetsche und Pflaume

Pflaumen, Zwetschen, Mirabellen und Renekloden gehören derselben Art *(Prunus domestica)* an und sind wahrscheinlich aus Vorderasien zu uns gelangt. Kräuterbücher des 16. und 17. Jahrhunderts berichten über verschiedene Pflaumensorten, und schon in der Antike wurden die Frucht als Obst und das Harz als Arznei geschätzt.

● **Halbstamm und Buschbaum** 76
Vorteile und Nachteile

● **Pflanz- und Erziehungsschnitt** 77
Techniken und Tipps aus der Praxis

● **Instandhaltungsschnitt** 80
Schnittmaßnahmen zur Erhaltung der Kronenform.

● **Das Auslichten älterer, ungepflegter Bäume** 82
Ertragsverbesserung von alten Obstbäumen

Halbstamm und Buschbaum

Wo in diesem Buch »Zwetsche, Pflaume« steht, sind immer auch Mirabellen und Renekloden mit gemeint. Bei ihnen gilt für den Schnitt in etwa dasselbe.

Meist beziehen wir diese Obstarten in der Baumschule als **Buschbaum** oder **Halbstamm.** Letztere Baumform ist vorzuziehen, wenn wir die Zwetsche zum Beispiel zur leichten Beschattung des Kompostplatzes pflanzen wollen oder, in einem kleinen Garten, als »Hausbaum« in Terrassennähe. Der Buschbaum begünstigt dagegen ein bequemeres Ernten. Das Gleiche gilt für den Schnitt. Nachteilig ist nur, dass wir uns unter der Krone nicht aufhalten können.

Für die Erziehung als Buschbaum oder Halbstamm muss die gewünschte Edelsorte auf eine schwächer wachsende Unterlage gepfropft werden. Diese reduziert das Wachstum gegenüber den auf Sämlingen gezogenen Zwetschen-, Pflaumen- oder Pfirsichsorten um mindestens ein Drittel. Voraussetzung sind allerdings warme, sandig-lehmige, gut durchlüftete Böden.

Junger Zwetschen-Halbstamm nach dem Schnitt. Leitäste und Stammverlängerung sind gut zu erkennen. Der kräftige Pflanzschnitt führte zu dem erwünschten starken Neutrieb.

Die Wurzelunterlage reduziert das Wachstum von Pflaumensorten so, dass sie auch für die Erziehung als Meterstamm, Halbstamm oder Buschbaum (von links nach rechts) in Frage kommen.

Pflanz- und Erziehungsschnitt

Bei der Erziehung von Zwetschen und Pflaumen lässt sich der starke senkrechte Wuchs abschwächen, wenn man nicht nur 3–4 (wie bei Kernobst), sondern 5–6 Triebe zu Basisästen erzieht.

Der Pflanzschnitt

Er wird im Prinzip wie bei Apfel und Birne (Seite 36) durchgeführt. Nachdem sich aber ein Zwetschenbaum nicht so mächtig entwickelt, können wir an Stelle von 3 durchaus 4 Leitäste entstehen lassen. Sie sollten möglichst gleichmäßig um den Stamm verteilt sein, also in alle Himmelsrichtungen wachsen. Außerdem müssen wir darauf achten, dass diese Leittriebe nicht an einem Punkt am Stamm entstehen, da sie sonst schlecht verankert sind und später einmal allzu leicht abschlitzen könnten.

Vielfach stehen die Triebe, die wir beim Pflanzschnitt als künftige Leitäste vorsehen, sehr steil. Sie sollten abgespreizt werden, damit sich die Krone von vorneherein in die Breite entwickelt und in das Innere viel Licht dringen kann. Wie bei Apfel und Birne wird der Konkurrenztrieb entfernt, ebenso überzählige steil stehende Triebe, die wir nicht zum Kronenaufbau benötigen.

Schwache Triebe sollten dagegen verbleiben. Soweit sie sich nicht in einer annähernd waagrechten Lage befinden, binden wir sie waagrecht. Einzelheiten hierzu siehe unter Pflanzschnitt bei Apfel und Birne (Seite 36).

Abweichend hiervon ist lediglich der Rückschnitt des Mitteltriebes und der als künftige Leitäste belassenen kräftigen Triebe. Sie sollten nämlich bei Steinobstarten so stark eingekürzt werden, dass nur noch etwa ein Viertel oder ein Fünftel ihrer bisherigen Länge am Stamm verbleibt.

Keine Angst, dass der Baum dadurch eingehen könnte – im Gegenteil: Er wird aus den nach außen gerichteten Augen einen kräftigen Neutrieb entwickeln, bis zu 1,50 m lang oder sogar noch darüber.

Erziehungsschnitt an einem 4–6-jährigen Zwetschenbaum: Konkurrenztriebe und zu dicht stehende Holztriebe entfernen, Verlängerungen der Leit- und Seitenäste einkürzen.

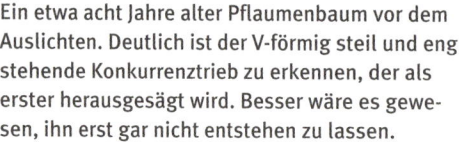

Ein etwa acht Jahre alter Pflaumenbaum vor dem Auslichten. Deutlich ist der V-förmig steil und eng stehende Konkurrenztrieb zu erkennen, der als erster herausgesägt wird. Besser wäre es gewesen, ihn erst gar nicht entstehen zu lassen.

Der gleiche Baum nach erfolgtem Auslichten. Nachdem in zurückliegenden Jahren ein Erziehungsschnitt unterblieb, lässt sich zwar keine Idealkrone mehr erzielen, aber es gelangt jetzt wieder reichlich Licht ins Kroneninnere.

Gelegentlich kommt es vor, dass der eigentliche Mitteltrieb schwächer wächst als der aus dem darunter folgenden Auge entstandene Konkurrenztrieb.

In diesem Fall schneiden wir bereits im Sommer den Mitteltrieb bis auf einen etwa 10 cm langen Zapfen zurück und heften an diesem den Konkurrenztrieb mit Bast so an, dass er möglichst senkrecht wächst und nun die Mitte übernimmt. Der Zapfen wird im kommenden Winter sauber weggeschnitten, denn inzwischen wächst der neue Mitteltrieb senkrecht heran.

Erziehungsschnitt

Ein Jahr nach dem Pflanzschnitt beginnen wir mit dem **Erziehungsschnitt** und setzen diesen fort, bis die Krone fertig aufgebaut ist. Von jetzt ab werden die Verlängerungen der Leitäste und des Stammes bei weitem nicht mehr so radikal eingekürzt wie bei der Pflanzung. Je nach Triebstärke genügt es meist, wenn diese Triebe um ein Drittel bis zur Hälfte zurückgeschnitten werden – immer auf ein Auge nach außen, damit eine lichte Krone entsteht. Würden wir weiterhin so kräftig einkürzen wie nach der Pflanzung, so käme es zur Bildung von zu vielen kräftigen Langtrieben, die wieder beseitigt werden müssten.

Richtig ist der Rückschnitt dagegen bemessen, wenn die obersten Augen kräftig durchtreiben, aus den darunter befindlichen Knospen dagegen nur schwächere und meist kürzere einjährige Triebe entstehen. Diese sind bei Zwetschen und Pflaumen nicht nur mit Blatt-, sondern teilweise auch mit Blütenknospen besetzt.

Im Übrigen bauen wir die Krone nach den gleichen Grundsätzen auf, wie wir sie bereits bei Apfel und Birne kennen gelernt haben, also mit Stammverlängerung, Leitästen, Seitenästen usw. Sofern die Leit- oder Seitenäste zu steil stehen, spreizen wir sie mit Hilfe von Spreizhölzern ab bzw. leiten sie auf mehr nach außen wachsende Triebe oder Zweige

Mein Rat

Gerade die genügsamen, oft überreich fruchtenden Mirabellen verführen dazu, den Schnitt zu vernachlässigen – leider oft auf Kosten der Qualität. Bei einem zu starken Fruchtbehang kann der Baum nicht alle Früchte ernähren. Das führt zu ungleichmäßiger Abreife. Oft reift ein Teil der Früchte nicht vollständig aus. Die Schale behält einen grünlichen Schimmer, die sonst zuckersüßen Mirabellen schmecken fade und sauer.

ab. Auch bei Zwetschen und Pflaumen sollte die Krone nach jedem Rückschnitt eine pyramidale Form haben.

Bei Pflaumen und Zwetschen entwickeln sich die Blütenknospen in erster Linie an den kurzen, ein Jahr alten Trieben. Kräftiges Auslichten und Einkürzen der Triebe reguliert den Blüten- und Fruchtansatz. Die locker aufgebaute Krone sorgt für eine gleichmäßige Belichtung der Früchte auch im Inneren des Baumes.

Instandhaltungsschnitt

Nachdem die Krone durch den Erziehungsschnitt aufgebaut ist, kommt es darauf an, sie
auch in den folgenden Jahren licht zu halten.
Mancher Gartenbesitzer ist zwar der Mei-
nung, Zwetschen und Pflaumen bräuchten
überhaupt keinen Schnitt, doch bei guter Beobachtung wird er rasch feststellen, dass sich
auch hier die Arbeit mit Schere und Säge
lohnt: Die **Früchte werden größer,** die **Färbung wird verbessert,** und wir können mit
regelmäßigeren Erträgen rechnen.
Bei weitgehend sich selbst überlassenen,
sehr dichten Bäumen kommt es dagegen oft
in dem einen Jahr zu einer Massenernte, während im folgenden Jahr der Fruchtansatz zu
wünschen übrig lässt.
Es lohnt deshalb, die fertige Krone durch
einen regelmäßig durchgeführten Schnitt im
gewünschten Zustand zu erhalten. Zumindest
jedes 2. Jahr sollte in den Wintermonaten
nachgesehen werden, ob sich nicht auf den
Astoberseiten oder entlang des Stammes steil

Richtig: Zu steil stehende Äste auf einen tiefer
angesetzten Ast ableiten. Die Wunde sorgfältig
verstreichen.

Mein Rat

Ist die Krone fertig aufgebaut, gibt es
nicht mehr allzu viel zu schneiden. Die
Verlängerungstriebe von Stamm, Leit- und
Seitenästen werden nun nicht mehr eingekürzt. Dagegen entfernt man weiterhin
alle den Lichtzutritt störenden Triebe und
leitet Stamm und Äste gelegentlich ab.

nach oben gerichtete kräftige Holztriebe entwickelt haben. Da sie den Lichtzutritt versperren, gehören sie an der Ansatzstelle entfernt.
Solche Triebe stark einzukürzen hat keinen
Sinn, da aus den verbleibenden Augen kaum
schwächere, weitgehend waagrechte Fruchttriebe entstehen.
Vielmehr entwickeln sich bei einem Rückschnitt kräftiger, steil stehender Triebe aus
den verbleibenden Augen wiederum nach
oben schießende Triebe, und es entstehen

auf den Astoberseiten sogenannte »Besen«, die den Lichtzutritt noch viel mehr versperren. Des Weiteren entfernen wir an Astverlängerungen die immer wieder entstehenden Konkurrenztriebe.

Hat sich unterhalb einer Astverlängerung ein nach außen wachsender Trieb oder Zweig entwickelt, so leiten wir auf diesen ab. Das heißt, wir kappen die Triebspitze kurz über einer flach nach außen wachsenden, kurze

Seitenverzweigung (siehe rechtes Bild unten). Dadurch wird die Krone zusätzlich geöffnet.

Bei zu hoch gewordenen Kronen setzen wir die Stammverlängerung auf einen weiter unten befindlichen seitlichen Ast ab, so dass im oberen Bereich eine Hohlkrone entsteht. Im Übrigen gilt für den Instandhaltungsschnitt das bereits bei Apfel und Birne auf Seite 45 gesagte.

Ähnlich wie beim Apfelbaum auf Seite 40 wurde auch bei dieser Pflaume der »Stummelschnitt« angewendet. Doch selbst dieser grässlich zugerichtete Baum lässt sich »reparieren« (rechts), so dass bei richtigem Schnitt in 2–3 Jahren ein halbwegs »normaler« Baum entsteht.

Das Auslichten älterer, ungepflegter Bäume

Ungepflegte Zwetschen-, Pflaumen-, Reneklo-
den- und Mirabellenbäume mit sehr dichten
Kronen findet man in zahlreichen Haus- und
Kleingärten. Durch Auslichten lässt sich zwar

Bei diesem zu dichten Pflaumenbaum wurde
keiner der zu vielen Äste herausgenommen, dafür
aber alle kräftigen Triebe eingekürzt. Die Folge:
eine Unzahl neuer Holztriebe, keine Ernte.

keine Idealkrone mehr herstellen, wir können
aber den Lichtzutritt und damit die zu erwar-
tende Fruchtqualität ins Kroneninnere und
damit die zu erzielende Fruchtqualität wesentlich verbessern.
Wie beim Auslichten von Apfel und Birne
(Seite 48) werden erst einmal dürre Äste an
der Ansatzstelle abgesägt. Als nächstes folgen Äste, die zu dicht
aufeinander liegen oder sich überkreuzen.
Von zwei solchen Ästen wird immer der
schwächere, bzw. ungünstiger stehende entfernt. Damit nicht im Sommer nach dem Auslichten zu viel Neutrieb entsteht, wird das
Auslichten auf 2–3 Jahre verteilt.
Zuerst nimmt man die Äste aus der Krone, die
besonders stören, also extrem dicht stehen,
und fährt dann die nächsten Jahre damit fort,
bis genügend Licht in das Kroneninnere dringen kann.
Befinden sich im oberen Drittel starker Äste
schwächere Äste oder Zweige, die nach
außen wachsen, so wird auf diese abgeleitet.
Ähnliches gilt für die Stammverlängerung
hoher Kronen: Wir setzen sie auf einen tiefer
stehenden seitlichen Ast ab, so dass im oberen Bereich eine Hohlkrone entsteht.
Gleichzeitig wird das dunkle, überaltete
Fruchtholz mit der Schere gelichtet. Es darf
aber nicht entfernt werden, denn Steinobst ist
gegen direkte Besonnung starker Astteile
sehr empfindlich. Die kräftigen Äste und der
Stamm sollten deshalb reichlich mit Fruchtholz garniert sein.

Nach solchen Auslichtungsarbeiten kommt es meist zu starkem Neutrieb. Besonders auf den Oberseiten der verbleibenden Äste und entlang des Stammes entstehen zahlreiche kräftige Holztriebe (»Wasserschosse«), die wir im Sommer, spätestens aber im kommenden Winter dicht an der Ansatzstelle wegschneiden. Nur schwächere, leicht schräg oder annähernd waagrecht entwickelte Triebe sollten verbleiben. Diese Arbeit setzen wir in den folgenden Jahren fort, bis sich Stamm und verbliebene Äste mit reichlich jungem Fruchtholz bekleidet haben. Dadurch mildern wir den krassen Wechsel von Rekordernten und ertragslosen Jahren.

Auf einen Blick

- Der Pflanzschnitt bei Zwetsche und Pflaume wird im Prinzip wie bei Apfel und Birne durchgeführt.
- Auch die Krone wird nach fast denselben Grundsätzen aufgebaut und sollte nach jedem Rückschnitt eine pyramidale Form haben.
- Theoretisch gedeihen Zwetschen und Pflaumen auch ohne Schnitt, doch wird die Arbeit durch größere Früchte, intensivere Färbung und regelmäßigeren Ertrag belohnt.

Pflaumen- oder Zwetschenbaum vor dem Schnitt: Die unzähligen Wasserschosse tragen nur Blattknospen. Der Rückschnitt erfolgt hier am besten im Winter im unbelaubten Zustand. Vor allem Anfängern fällt es dann viel leichter, den Überblick zu bewahren.

Pflaumen- oder Zwetschenbaum nach dem Schnitt: Die unfruchtbaren, senkrechten Langtriebe wurden direkt an der Basis entfernt. Da die Krone älterer Zwetschen- oder Pflaumenbäume oft zu hoch wird, lenkt man von Zeit zu Zeit auf flachere Seitentriebe um.

Schnitt bei Süß- und Sauerkirsche

74 v. Chr. brachte der römische Feldherr Lucullus als Kriegsbeute ein Edelkirschbäumchen mit nach Rom, dessen saftig-fleischige Früchte ihn zum Urahn der Feinschmecker machten. Heute reichen ein Beutezug in die Baumschule und regelmäßige Pflege, um köstliche Kirschen im eigenen Garten zu ernten.

- **Süßkirsche** 86
  Pflanzschnitt und Spindelbuscherziehung
- **Sauerkirsche** 89
  Pflanz-, Erziehungs- und Instandhaltungsschnitt

Süßkirsche

Süßkirschen bilden kräftige Langtriebe. Daran bilden sich im ersten Jahr nur Blattknospen, im zweiten Jahr sprießen hier Bukett-Triebe mit Blütenknospen.

Halbstamm und Buschbaum

Der **Pflanzschnitt** wird wie bei Apfel und Birne (Seite 36) durchgeführt. In der jungen Krone

Inzwischen gibt es klein bleibende Süßkirschen-bäume, die sogar in einem schmalen Reihenhaus-garten Platz haben.

verbleiben nur 3 kräftige, nicht zu steil stehende Triebe, die möglichst gleichmäßig um den Stamm verteilt sein sollen. Nachdem Süßkirschen sehr starkwüchsig sind, sollten diese künftigen Leitäste entlang des Stammes besonders weit auseinander stehen. Die übrigen in der Krone des neu gepflanzten Baumes vorhandenen Triebe werden entweder wegge-schnitten – wenn sie steil stehen – oder waag-recht gebunden. Anschließend kürzen wir die verbliebenen künftigen Leitäste auf nach außen zeigende Augen ein.

Beim **Erziehungsschnitt** werden die künftigen Leitäste und die Stammverlängerung (Mittel-trieb) nur in den folgenden 2–3 Jahren einge-kürzt. Die Jahre danach unterbleibt ein Rück-schnitt. Wir setzen lediglich die Leitäste auf einen mehr nach außen wachsenden Trieb ab und entfernen sämtliche Konkurrenztriebe sowie Triebe, die sich auf den Astoberseiten entwickelt haben und den Lichtzutritt ins Kroneninnere versperren.

Andere Triebe entlang der Leitäste und des Stammes – soweit sie genügend Platz ha-ben – werden waagrecht gebunden. Dadurch kommt es zu frühzeitigem Ertrag. Gleichzeitig wird durch diese Maßnahme das kräftige Ju-gendwachstum etwas gebremst, die Kronen bleiben kleiner.

Beim späteren **Instandhaltungsschnitt** wird die Krone lediglich alle paar Jahre ausgelich-tet. Eine Fruchtholzbehandlung entfällt.

Dieser Schnitt und andere grobe Schnittarbei-ten, wie das Entfernen größerer Äste oder ein

Verjüngen der gesamten Krone, führen wir **am besten gleich nach der Ernte,** also im Juli und August, durch. Die dabei entstehenden Wunden verheilen bei der Kirsche im Sommer besser als nach einem Winterschnitt.

Da Kirschbäume oft sehr hoch werden, setzen wir nach der Ernte den Gipfel auf einen tiefer stehenden Ast ab. Andernfalls würde die Erntearbeit bei den ohnehin großkronigen Kirschbäumen noch mehr erschwert, vor allem aber können wir durch niedrigere Kronen Unfälle vermeiden oder zumindest abschwächen.

Süßkirschen-»Spindelbusch«

Das oben Gesagte gilt für großkronige Süßkirschen, die meist als Halb- oder Hochstämme beziehungsweise als Buschbaum gepflanzt werden. Solche Bäume eignen sich nur für große Gärten. Sie gleichen zur Blütezeit einem prächtigen Zierbaum, haben aber den Nachteil, dass von den verlockend roten Kirschen meist nicht allzu viel für den Eigenbedarf verbleibt. Das meiste holen sich Amseln und Stare, denn ein Schutz durch Netze ist bei den meist recht umfangreichen Kronen kaum möglich.

Aus diesem Grund ist es erfreulich, dass es neuerdings die Auslese 'Lamberts Compact' (Selektion Deutenkofen) gibt: eine **klein bleibende Süßkirsche.** Zwar bleibt der Baum nicht so klein wie ein Apfel-Spindelbusch auf schwach wachsender Unterlage, aber es genügt ein Pflanzabstand von 2,50–3,00 m, und die Krone lässt sich mit einem Netz gegen Vogelfraß schützen. Näheres hierzu in »Obst

Schon die Kirschblüte ist jedes Jahr ein Erlebnis. Leider lassen sich größere Kronen nicht gegen Vögel schützen.

aus dem eigenen Garten« oder in »Obstanbau im eigenen Garten«, beide bei der BLV Verlagsgesellschaft München.

Mein Rat

Eine Kombination von schwach wachsenden Unterlagen, mäßig wachsenden Sorten und waagrechten Fruchtästen ergibt kleinere Kirschbäume.

Bei dieser Krone ist ein Schutz gegen Amsel & Co. gerade noch möglich. Das Netz wird angebracht, wenn sich die Kirschen zu färben beginnen.

Hier nur kurz zum Schnitt: Ein Pflanzschnitt ist meist nicht nötig, da die Bäumchen in Kunststoff-Containern mit 0,60–0,80 m Stammhöhe geliefert werden, d. h. mit Ballen. Die Wurzeln sind also unbeschädigt, so dass ein Ausgleich durch kräftigen Rückschnitt der Triebe, die sich später zu Ästen entwickeln sollen, nicht nötig ist. Bei richtigem Schnitt in den folgenden Jahren lässt sich die Höhe

auf 2,50 m bis maximal 3,50 m begrenzen. Ähnlich wie beim Spindelbusch erfolgt der **Aufbau der Krone** nicht nur mit 3, sondern mit 5–6 Hauptästen, an denen sich das Fruchtholz entwickelt. Diese Äste sollten entlang des Stammes locker gestreut sein, so dass sie auf Lücke stehen und einen darunter befindlichen Ast nicht überdecken. Nach diesem Kronenaufbau ist nur noch ein gelegentliches Auslichten nötig.

Für den Erwerbsanbau wurden schwach wachsende Unterlagen wie 'Colt', 'Weiroot' und 'GiSelA' (siehe auch S. 95) entwickelt. Diese werden auch im Hausgarten immer beliebter und eignen sich ausgezeichnet für die Erziehung schlanker Kirschenspindeln die schon ab dem zweiten Standjahr den ersten Ertrag liefern. Die Jungbäume werden am besten im Herbst oder Frühjahr gepflanzt und benötigen meist lebenslang einen stabilen Stützpfahl. Bis zum Einwachsen muss der Wurzelbereich vor allem in den Sommermonaten regelmäßig durchdringend gewässert werden.

Selbstfruchtbare Sorten

Wenn trotz kleiner Wuchsformen kein Platz für einen zweiten Kirschbaum ist und auch in der Nähe kein weiterer Kirschbaum mit einer anderen, für die Befruchtung geeigneten Sorte wächst, sollte der Anbau einer neueren, selbstfruchtbaren Süßkirschensorte wie 'Celeste', 'Lapins', 'Newstar', 'Sunburst' oder 'Sweetheart'. Das zahlt sich auch in einem Frühjahr mit kühler, nasser Witterung aus, wenn nur wenige Bienen fliegen.

Sauerkirsche

Die Sauerkirsche unterscheidet sich im Wuchscharakter, in der Trieb- und Knospenbildung von der Süßkirsche. Deshalb ist auch der Schnitt ein anderer.

Buschbaum

Am besten pflanzen wir die relativ kleinkronige Sauerkirsche als Buschbaum, also mit einer Stammhöhe von etwa 60 cm. So ist es möglich, die Krone zur Erntezeit mit einem Netz gegen Vogelfraß zu schützen.

Pflanz- und Erziehungsschnitt

Einjährige Veredlungen, wie sie in den Baumschulen angeboten werden, haben vielfach nur eine Stammhöhe von 40 cm. Darüber befinden sich vorzeitige Triebe, d.h. Triebe, die während des Sommers an dem im gleichen Jahr herangewachsenen Mitteltrieb entstanden sind. In diesem Fall schneiden wir die unteren vorzeitigen Triebe weg, so dass sich eine Stammhöhe von 60 cm ergibt. Dadurch

wird die spätere Bodenbearbeitung unter dem Baum erleichtert.

Über diesem 60 cm hohen Stamm belassen wir nur 3–4 vorzeitige Triebe und kürzen diese auf 2–4 Augen ein; wir führen also einen sehr scharfen Pflanzschnitt durch. Der Mitteltrieb wird eine Handspanne darüber auf eine gut ausgebildete Knospe zurückgeschnitten. Fehlt eine solche Knospe, weil in Rückschnitthöhe am Stamm nur vorzeitige Triebe vorhanden sind, so schneiden wir den Mitteltrieb bis auf einen geeigneten vorzeitigen Trieb zurück

Sauerkirschen-Buschbaum (1-jährige Veredlung), vor allem Pflanzschnitt (links). Wir wählen 3–4 vorzeitige Triebe aus (Mitte) und kürzen diese scharf bis auf 2–4 Augen ein (rechts).

und kürzen diesen bis auf die unterste Knospe ein. Nach einem solchen Pflanzschnitt treibt der Baum gewöhnlich stark durch.

Im nächsten Frühjahr wählen wir aus den zahlreichen Trieben 3–4 günstig gestellte, möglichst gleichmäßig um den Stamm verteilte Triebe aus und schneiden sie scharf bis auf etwa ein Drittel ihrer Länge zurück. Die übrigen kräftigen Triebe entfernen wir an der Ansatzstelle, wenn sie sehr steil stehen, bzw. binden sie waagrecht. Dadurch können sie sich nicht als Konkurrenz zu den Leittrieben entwickeln. Der Mitteltrieb sollte eine Handspanne länger bleiben.

Wurde der Buschbaum in der Baumschule als zweijährige Veredlung, also mit zahlreichen kräftigen Trieben, bezogen, so wird beim Pflanzschnitt ebenso verfahren.

Da sich die Leitäste einschließlich der Seitenäste bei der Sauerkirsche nicht so kräftig entwickeln wie bei Apfel- und Birnenhochstamm oder -halbstamm, können durchaus vier am Stamm gut verteilte Triebe als künftige Leitäste verbleiben. Der weitere Kronenaufbau, einschließlich Sommerschnitt, vollzieht sich wie beim Halb- und Hochstamm (Seite 42) anderer Obstarten.

Instandhaltungsschnitt

Im Gegensatz zur Süßkirsche sollte die Sauerkirsche **jedes Jahr geschnitten** werden. Ähn-

Sauerkirschen-Buschbaum. Die kleine Krone lässt sich bequem schneiden, abernten und gegen Vögel schützen.

Instandhaltungsschnitt. Die Stammverlängerung auf einen tiefer angesetzten seitlichen Trieb zurücknehmen, um die Höhe zu begrenzen.

Trauerweide! So sehen 'Schattenmorellen' aus, wenn sie über Jahre hinweg nicht geschnitten werden. Die Früchte bleiben klein, der Triebzuwachs ist gering.

Richtig! Kräftiger Schnitt, am besten gleich nach der Ernte im Juli/August. Dadurch starker Neutrieb, lichte Krone und große schwarz-rote Kirschen.

lich wie bei Apfel, Birne oder Zwetsche empfiehlt sich ein regelmäßiger Instandhaltungsschnitt, der allerdings anders als bei diesen Obstarten vorzunehmen ist.

Bei Sauerkirschen hat es sich bewährt, sowohl die Stammverlängerung als auch die Leit- und Seitenäste immer einmal wieder auf tiefer angesetzte Triebe oder Äste abzusetzen. Dieses regelmäßige Ableiten hat zur Folge, dass die Krone niedrig und der Baum in seinem unteren Bereich lebendig bleibt. Wird dies nicht beachtet, kahlt die Sauerkirschenkrone von unten her auf, während in den oberen Teilen starkes Triebwachstum stattfindet.

Selbstverständlich werden bei diesem jährlichen Schnitt auch alle Konkurrenztriebe sowie auf den Astoberseiten befindliche Triebe entfernt, die in das Kroneninnere hineinwachsen. Durch diesen jährlichen Überwachungsschnitt ernten wir größere Früchte. Besonders wichtig ist ein regelmäßiger

Mein Rat

Genau wie bei Süßkirschen sollte der Schnitt aller Sauerkirschen-Sorten im Sommer nach der Ernte erfolgen.

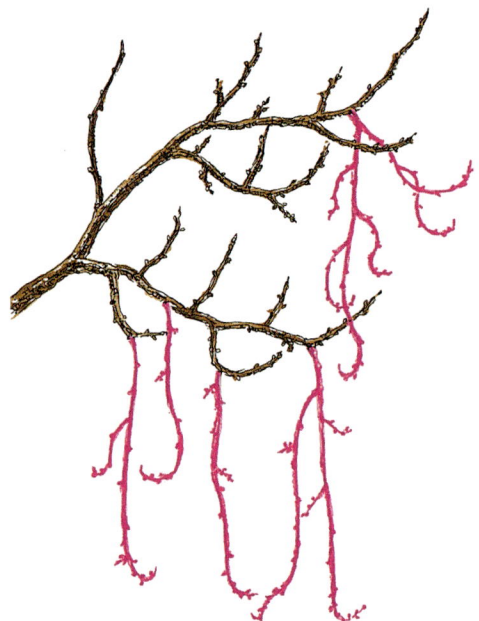

Verjüngen einer 'Schattenmorelle', die ohne Schnitt mehr einer Trauerweide als einem Obstbaum ähnelt.

Schnitt bei der in den Gärten bevorzugt gepflanzten **'Schattenmorelle'**. Wird er versäumt, entwickelt sich aus dem Buschbaum bald eine »Trauerweide«. Einzelheiten hierzu Seite 93/94.

Die ebenfalls häufig anzutreffende **'Morellenfeuer'** neigt dagegen weniger zum Verkahlen, so dass bei Bäumen dieser Sorte das Ableiten auf tiefer stehende Astteile genügt. Dadurch wird gleichzeitig die Krone mit von Natur aus steil wachsenden Ästen dem Licht geöffnet. Schließlich gibt es Sauerkirschensorten, die nach erfolgtem Kronenaufbau ähnlich wie Süßkirschen weiterbehandelt werden sollen: Gelegentlich auslichten sowie Stamm und Äste ableiten.

Sauerkirsche am Spalier

Vor allem die Sorte **'Schattenmorelle'**, wegen ihres regelmäßigen Ertrages besonders beliebt, eignet sich vorzüglich als Spalier an einer Haus- oder Garagenwand. Ein idealer Platz ist die Südseite, doch sie kann auch an eine West- oder Ostwand gepflanzt werden. Wir können das Spalier mit Mittelstamm und waagrechten bzw. leicht schräg ansteigenden Ästen ziehen oder aber als **Fächerspalier**, das sich für die 'Schattenmorelle' besonders empfiehlt. Dabei wird der Mitteltrieb von der Pflanzung ab umgebogen. Die kräftigen, auf der Biegungsstelle entstehenden Holztriebe werden nicht eingekürzt, sondern nach links und rechts leicht schräg oder bogenförmig am Spaliergerüst oder an waagrecht gespannten Drähten angebunden. Sollten zu viele stark wachsende Triebe entstanden sein, so schneiden wir die zu eng stehenden weg. Das Gleiche gilt für Triebe, die zu sehr nach vorne gerichtet sind. Weitere Einzelheiten zum Fächerspalier siehe Seite 68.

Bereits beim Aufbau des Spaliers beginnt die besondere Art der **Fruchtholzbehandlung**, die auch nach Beendigung dieser Arbeit Jahr für Jahr fortgeführt wird. Die 'Schattenmorelle' trägt nämlich fast nur an einjährigen Trieben, also an Trieben, die sich im Vorjahr entwickelt haben. Das heißt, es ist durch Schnitt dafür zu sorgen, dass alljährlich viele kräftige Jungtriebe entstehen. Unterlassen wir die Fruchtholzbehandlung, so verlängern sich die Triebe jährlich nur wenig. Am kurzen Neutrieb sitzen dann im nächsten Jahr Blüten und Früchte, während der dahinter liegende (zwei- bzw.

mehrjährige) Triebteil verkahlt. Unbehandelte ältere Schattenmorellen gleichen deshalb Trauerweiden.

Die Früchte, die sich an den kurzen, schwachen Neutrieben bilden, werden merklich kleiner. Um dies zu verhindern, schneiden wir jeweils nach der Ernte die abgetragenen Triebe bis auf diejenigen Jungtriebe zurück, die sich in der unmittelbaren Nähe der Äste oder des Stammes entwickelt haben. Diese Jungtriebe werden aber nicht eingekürzt, weil sie besonders im oberen Drittel die meisten Blüten und Früchte ansetzen.

Durch diese ständige Fruchtholzerneuerung nach der Ernte bleibt der Baum lebendig. Jährlich entstehen zahlreiche kräftige Neutriebe, an denen im nächsten Sommer Kirschen hängen, die wesentlich größer werden als an unbehandelten Bäumen. Diese jährliche Verjüngung des Fruchtholzes sollte nicht nur am Spalier, sondern ebenso am frei stehenden Buschbaum erfolgen, sofern es sich um die Sorte 'Schattenmorelle' handelt. Bei anderen Sauerkirschsorten genügt dagegen ein Ableiten auf tiefer stehende Astteile oder ein Auslichten, um den Baum licht und lebendig zu erhalten.

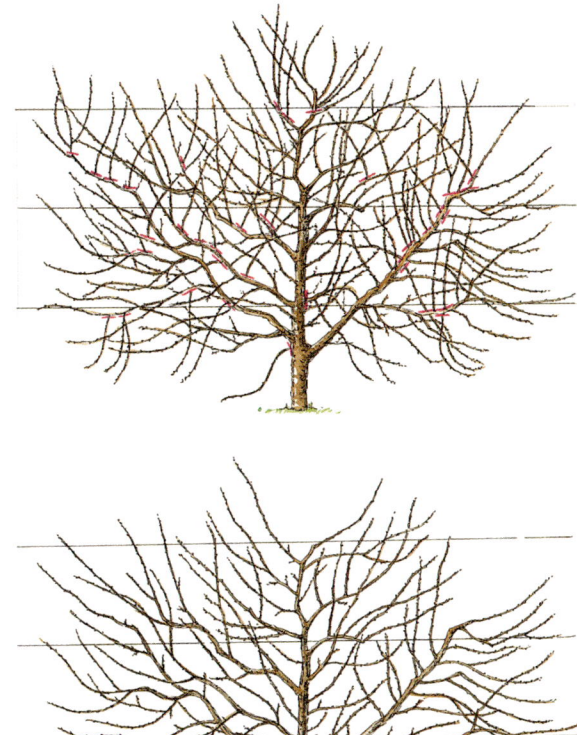

'Schattenmorellen'-Spalier vor (oben) und nach dem Schnitt (unten). Er erfolgt am besten gleich nach der Ernte. Abgetragene Triebe werden dabei auf Jungtriebe zurückgenommen, die nahe am Stamm bzw. den stärkeren Ästen entstanden sind.

Schnitt alter Schattenmorellen

Alte Büsche oder Spaliere dieser Sorte, die bereits ein trauerweidenähnliches Aussehen angenommen haben, weil der spezielle Fruchtholzschnitt versäumt wurde, werden **am besten gleich nach der Ernte** kräftig verjüngt. Auch im Winter ist dies möglich, doch verheilen die Wunden besser, wenn es bereits in den Sommermonaten geschieht.

Als erstes werden alle zu dicht stehenden Äste aus dem Spalier oder der Krone herausgeschnitten, dann das verbleibende Astgerüst um etwa ein Drittel zurückgeschnitten. Anschließend entfernen wir den größten Teil der langen, peitschenartigen Triebe. Soweit sich das anbietet, werden diese kahlen Triebe bis

Gleich nach der Ernte schneiden wir die 'Schattenmorelle' auf einen Jungtrieb nahe am Stamm oder an einem der Äste zurück.

auf Jungtriebe eingekürzt, die sich an ihrem unteren Drittel entwickelt haben.

Ein 'Schattenmorellen'-Baum sieht nach einer solchen rigorosen Behandlung sehr licht aus. Bereits im nächsten Frühjahr aber erfolgt ein kräftiger Austrieb an Stamm und Ästen, und schon im Jahr darauf können wir

Mein Rat

Erziehungsversuche mit Kirschen als Säulenbäumchen ('Ballerina') sind nur bei der Kultur in Pflanzkübeln Erfolg versprechend. Pflanzt man die Säulenkirschen in ein Beet, treiben sie schon im zweiten Jahr beeindruckende Seitentriebe, schießen in die Höhe und sind durch einen Schnitt kaum noch zu bändigen.

mit einer reichen Ernte groß-früchtiger Kirschen rechnen.

Von den zahlreichen Trieben, die nach einer Verjüngung an den Enden der Äste und oben am Stamm entstehen, entfernen wir bereits im Sommer nach dem Austrieb alle kräftigen bis auf jeweils einen, der als Astbeziehungsweise Stammfortsetzung dienen soll. Alle Übrigen, auch die schwachen – soweit sie nicht zu dicht stehen –, verbleiben ohne jeden Rückschnitt. Diese Jungtriebe sind das Fruchtholz für das nächste Jahr.

Neue Unterlagen

Neue Kirschenunterlagen bewirken ein erheblich schwächeres Wachstum. Weil solche Unterlagen aber weniger Wasser und Nährstoffe mobilisieren können, eignen sie sich nur für mittelschwere, gut wasserdurchlässig Böden. Im Jugendstadium sind die Bäume außerdem weniger frosthart. Aber auch hier gibt es Unterschiede. Die Kirschenunterlage 'Colt' eignet sich für die Erziehung von traditionellen, aber kleineren Rundkronen auf Meter-, Niederstämmen und für Buschbäume oder Spindelbüsche mit einem Pflanzabstand von 3–5 m. Das gilt auch für die gegen Nässe und Trockenheit unempfindliche Kirschenunterlage GiSelA 5, neben 'Colt' gilt sie zur Zeit als Standardunterlage für kleinkronige Kirschbäume. Noch schwächer wachsen Kirschen auf GiSelA 3 (Wuchsreduzierung gegenüber Sämlingsunterlage 70 %), allerdings stellen solche Unterlagen besonders hohe Ansprüche an Boden, Wasserversorgung und auch die Düngung.

Auf einen Blick

- Süßkirsche und Sauerkirsche unterscheiden sich im Wuchscharakter und brauchen deshalb auch einen verschiedenen Schnitt.
- Da Süßkirschenbäume oft sehr hoch werden, sollten ihre Gipfel alle paar Jahre auf einen tiefer stehenden Ast abgesetzt werden.
- Normale Süßkirschen eignen sich nur für große Gärten. Wer weniger Platz hat, kann auf einen »Spindelbusch« ausweichen.
- Sauerkirschen sind von Natur aus kleinkroniger und lassen sich gut als Buschbaum ziehen.

Die Kirschenunterlage Colt reduziert das Wachstum je nach Wuchsverhalten der Edelsorte auf 60 Prozent im Vergleich zu einer stark wachsenden Sämlings-Unterlage.

Deutlich zu erkennen: Auf Kirschenunterlage GiSeLA 5 gepfropfte Kirschensorten wachsen schwächer als auf der Unterlage Colt und nur noch halb so stark wie auf einer Sämlingsunterlage.

Schnitt anderer Obstbaumarten

Pfirsiche und Aprikosen, aus nahe liegenden klimatischen Gründen bei uns bis heute selten, waren in China bereits um 2 000 v. Chr. als Köstlichkeit bekannt. Auch die mit dem Apfel verwandte Quitte – die »Äpfel der Hesperiden« sollen Quitten gewesen sein – gedeiht am besten in milden Weinbaugebieten.

Pfirsich 98
Triebformen und Erziehung am Spalier

Aprikose 102
Standortansprüche und Schnittmaßnamen

Quitte 103
Schnittmaßnahmen für ein eigenwilliges Obstgehölz

Walnuss 104
Pflege und Kontrolle des Kronenumfangs

Haselnuss 106
Schnittmaßnahmen und Sonderformen

Pfirsich

Der Pfirsich wird wie die Sauerkirsche meist als einjährige Veredlung gepflanzt. Der **Pflanzschnitt** erfolgt wie bei der Sauerkirsche (Seite 89), also scharfer Rückschnitt der am Stamm befindlichen vorzeitigen Triebe auf nur wenige Augen.

An Stelle einer üblichen pyramidalen Krone mit Stamm- und Stammverlängerung, Leit- und Seitenästen hat sich beim Pfirsich die **Hohlkrone**, also eine Krone ohne Mitteltrieb bewährt. Diese Kronenform bietet den wärmeliebenden Früchten in unserem meist nicht idealen Klima zusätzlich Licht und Sonne. Außerdem wächst ein Mitteltrieb beim Pfirsich meist nicht annähernd gerade nach oben, sondern nimmt ohnehin bald die Funktion eines Leitastes ein.

Beim **Erziehungsschnitt**, beginnend im Jahr nach der Pflanzung, bleiben deshalb nur 3–4 möglichst gleichmäßig im Luftraum verteilte kräftige Triebe – die künftigen Leitäste – stehen, während die Stammverlängerung herausgeschnitten wird. Der weitere Aufbau der Leitäste erfolgt dann wie bereits mehrmals beschrieben.

Nachdem der Pfirsich von Natur aus besonders stark zur Spitzenförderung neigt, sollte der Baum ständig in scharfem Schnitt gehalten werden. Andernfalls verkahlen die unteren Teile der Baumkrone sehr rasch.

Um dies zu verhindern, empfiehlt es sich, die Leitäste **jedes Jahr nach der Ernte** auf etwas tiefer angesetzte, nach außen wachsende Triebe oder Astteile abzusetzen. Wie bei der 'Schattenmorelle' bewirkt dieses regelmäßige Ableiten, dass der untere Kronenbereich lebendig bleibt. Jährlicher Neutrieb ist wichtig, denn auch der **Pfirsich trägt nur an den im Vorjahr gebildeten Trieben.**

Der Pfirsich eignet sich vorzüglich als locker gezogenes Wandspalier.

Verschiedene Triebformen

Die schönsten Früchte entwickeln sich beim Pfirsich an den so genannten **»wahren Fruchttrieben«.** Diese Triebe sind etwa bleistiftstark

Verschiedene Triebe beim Pfirsich: Links ein Holztrieb mit spitzen Knospen, wertvoll zum Aufbau des Kronengerüstes. Daneben ein »wahrer Fruchttrieb« im Knospenzustand (Mitte) und in der Blüte (rechts). Meist stehen 3 Knospen zusammen: zwischen 2 rundlichen Blütenknospen eine spitze Holzknospe.

Köstlich: Vollreife Aprikosen, duftend und direkt vom Baum in den Mund!

und haben in der Regel eine Länge von 50 cm und mehr. Meist stehen an ihnen 3 Knospen zusammen: Zwischen 2 rundlichen Blütenknospen ist 1 spitze Holzknospe eingebettet. Wenn wir diese wahren Fruchttriebe um etwa die Hälfte einkürzen, bilden sich besonders schöne, große Früchte. Außerdem entsteht dadurch ein kräftiger Neutrieb für das kommende Jahr. Dieses Einkürzen muss aber nicht unbedingt sein, denn reichlich Neutrieb gibt es bereits durch das jährliche Ableiten der Leitäste.

»Falsche Fruchttriebe« sind erheblich schwächer und kürzer und beinahe ausschließlich mit Blütenknospen besetzt. Nachdem sich mangels Blättern an solchen Trieben kaum Früchte ausbilden, können wir sie auf kurze Stummel von 1–2 Knospen zurückschneiden. Dadurch gibt es zusätzlichen Neutrieb, also

Ast eines Pfirsichbaums, links vor und rechts nach dem Schnitt.

wahre Fruchttriebe für das kommende Jahr. **Holztriebe,** die auf ihrer ganzen Länge mit länglich-spitzen Holzknospen besetzt sind, werden nur eingekürzt, wenn wir sie als Verlängerungen von Leit- und Seitenästen benötigen. Andernfalls beseitigen wir diese kräftigen, meist steil auf den Astoberseiten entstandenen Triebe an der Ansatzstelle. Darüber hinaus befinden sich im Pfirsichbaum sehr kurze, mit vielen Blüten besetzten Triebe, die nicht geschnitten werden; wir bezeichnen sie wegen ihres Aussehens als **Bukett-Triebe.**

Mein Rat

Dem Pfirsich tut zeitlebens ein scharfer Schnitt gut, denn Blüten und Früchte entstehen – ähnlich wie bei der 'Schattenmorelle' – nur an kräftigen, einjährigen Trieben.

Während das **Ableiten** der stärkeren Äste in der fertig aufgebauten Krone am besten gleich nach der Ernte erfolgen soll, werden die Leit- und Seitenäste bei dem in den ersten Jahren vorgenommenen Erziehungsschnitt im zeitigen Frühjahr eingekürzt.

Der Schnitt der wahren und falschen Fruchttriebe – empfehlenswert, wenn große Früchte und zusätzlicher Neutrieb im Kroneninneren erwünscht sind – kann vor, während oder bald nach der Blüte erfolgen. Ich ziehe letzteren Zeitpunkt in klimatisch ungünstigen Lagen vor, in denen die Pfirsichblüte des Öfteren erfriert. Sind nämlich die Blüten oder die jungen Früchte erfroren, so können wir nicht nur die falschen, sondern auch die wahren Fruchttriebe bis auf kurze Stummel zurückschneiden. Da es in einem solchen Jahr ohnehin keine Früchte gibt, erzielen wir durch scharfen Schnitt zahlreiche wahre Fruchttriebe für das kommende Jahr.

In kalten Wintern kommt es beim Pfirsich häufig zu **Frostschäden.** Ist die Krone nur teilweise zurückgefroren, so ist der Baum durchaus zu retten. In diesem Fall schneiden wir die abgestorbenen Äste bis auf Jungtriebe zurück, die sich nach dem Austrieb in deren unteren Bereich entwickeln. Mit diesen kräftigen Trieben lässt sich rasch wieder eine neue Krone aufbauen.

Bleibt ein Pfirsichbusch über Jahre hinweg ohne Schnitt, so verkahlt er meist in seinen unteren Teilen. In diesem Fall nehmen wir einen **Verjüngungsschnitt** vor, am besten im Sommer, gleich nach der Ernte. Die Leitäste und die an diesen locker verteilten Seitenäste werden dabei tief ins alte Holz hinein zurückgenommen. Dabei achten wir darauf, dass sich an den größeren Schnittstellen möglichst jüngere Triebe befinden, die als Verlängerung der betreffenden Äste geeignet sind. Anschließend werden alle größeren Wunden mit einem Wundverschlussmittel verstrichen, eine besonders beim Pfirsich wichtige Arbeit.

Pfirsich am Spalier

Im Hausgarten wird der Pfirsich gerne als **Spalier** an einer Südwand gezogen. Wir wählen dazu ein locker aufgebautes Fächerspalier, wie es bereits bei der 'Schattenmorelle' (Seite 93) bzw. bei Apfel/Birne (Seite 68) beschrieben wurde. Nachdem der Pfirsich jedoch empfindlich gegen Frost und Gummifluss ist, sterben immer einmal wieder einzelne Äste ab, die aber zumeist mit Jungtrieben neu aufgebaut werden können. Die

Fruchtholzbehandlung entspricht der beim Buschbaum.

Durch jährliches Zurücknehmen der weiter oben am Spalier befindlichen Äste sorgen wir dafür, dass im unteren Bereich des Spaliers genügend Neutrieb entsteht. Dadurch wird einem Verkahlen vorgebeugt.

Wem würde hier nicht das Wasser im Mund zusammenlaufen? Leuchtend rote Pfirsiche inmitten sattgrüner Blätter.

Aprikose

Die Aprikose lässt sich vom Schnitt her nicht dressieren. Umso besser eignet sie sich als frei gezogenes Fächerspalier an einer sonnigen Hauswand.

In klimatisch ungünstigen Gegenden ziehen wir die Aprikose vorwiegend als **Fächerspalier** an einer warmen, geschützten Hauswand. Diese freie Spalierform, bei der die einzelnen Triebe bogenförmig an Latten oder Drähte gebunden werden, ist für die Aprikose wie geschaffen, lassen sich doch die recht eigenwillig wachsenden Triebe nicht in eine strenge Form zwängen. Wie ein solches Fächerspalier gezogen und im Schnitt gehalten wird, siehe Seite 68 und Seite 93.

Wo dagegen das Klima zusagt, kann die Aprikose als locker und etwas unregelmäßig aufgebauter **Buschbaum** mit 3 bis 4 Leitästen und Seitenästen gezogen werden. Der Pflanz- und Erziehungsschnitt wird wie bereits mehrfach beschrieben vorgenommen. Der Kronenaufbau dauert bei der Aprikose allerdings nur

etwa 3–5 Jahre. Später braucht nur noch wenig geschnitten zu werden.

Sobald die etwas sparrig aussehende Aprikosenkrone nach 3–5 Jahren mit wenigen unregelmäßig erzogenen Leitästen, einigen locker gestreuten Seitenästen und viel Fruchtholz aufgebaut ist, braucht nur noch ein gelegentlicher **Instandhaltungsschnitt** vorgenommen zu werden. Dabei entfernen wir bereits im Sommer alle Konkurrenztriebe und die nach innen wachsenden Triebe. Die Stammverlängerung wird auf einen seitlichen Ast abgesetzt, so dass im oberen Bereich eine Hohlkrone vorhanden ist.

Eine im Laufe der Jahre **zu dicht gewordene Krone** wird nach der Ernte (Mitte August bis Mitte September) ausgelichtet. Vorrangig werden dabei dürre, zu dicht stehende, sich kreuzende oder beschädigte Äste entfernt. Keine »Kleiderhaken« (Aststumpen) stehen lassen, Wunden sofort mit Wundverschlussmittel verstreichen!

Lässt bei einem älteren Aprikosenbaum die Triebkraft nach, können wir ihn wie auf Seite 50 beschrieben verjüngen. Auch dieser Eingriff, bei dem die Krone um ein Viertel oder gar um die Hälfte zurückgesägt wird, sollte im August oder September erfolgen. Wir schneiden stets auf Stellen zurück, an denen sich Jungtriebe befinden, und entfernen diese bis auf Astring (»schlafende Augen«). Dadurch entstehen im kommenden Frühjahr mehrere kräftige Triebe, von denen wir nur jeweils einen als Astverlängerung belassen.

Quitte

Quitten sind erntereif, wenn die zunächst pelzige Schale glänzend wird.

Drei in Bezug auf Kronenausdehnung, Aussehen, Blüten- und Fruchtansatz recht unterschiedlichen Obstarten folgen hier nacheinander, weil sie im Gegensatz zu allen bisher benannten **keinen regelmäßigen Schnitt** benötigen. Nur gelegentlich sollte mit der Säge oder Schere eingegriffen werden.
Die Quitte pflanzen wir meist als Busch, gelegentlich aber auch mit Stamm. In diesem Fall ist die Quitte auf Rotdorn-Unterlage veredelt. Ein Aufbau mit Leit- und Seitenästen erübrigt sich. Der Strauch oder Baum entwickelt ohne unser Zutun eine lockere Krone, die nur gelegentlich etwas gelichtet zu werden braucht. Vor allem schneiden wir auf den

Astoberseiten entstandene, steil ins Kroneninnere wachsende Jungtriebe an der Ansatzstelle weg. Lässt der Trieb einmal gänzlich nach, so können wir ihn durch leichten Rückschnitt anregen. Auch ein Verjüngen älterer Quittenbüsche beziehungsweise -bäumchen ist möglich.

Die Quitte kann es in Bezug auf Schönheit mit jedem exotischen Ziergehölz aufnehmen. Ähnlich wie die Aprikose wächst sie recht eigenwillig, malerisch.

Walnuss

Grundsätzlich sollte ein Walnussbaum nur als Hausbaum an einem bäuerlichen Anwesen, in einem größeren Hausgarten von etwa 1 500 m² aufwärts oder auf freier Flur gepflanzt werden. Die **umfangreiche Krone** bekommt nämlich im ausgewachsenen Zustand einen Durchmesser von 10–15 m. Meist wird heute der veredelte Walnussbaum mit besserer Nussqualität und etwas kleinerer Krone dem aus einem Kern entstandenen Sämlingsbaum vorgezogen. Walnussveredlungen sind zudem weniger anfällig gegenüber Spätfrösten und liefern frühere und regelmäßige Ernten.

Empfehlenswerte Sorten

Für den Anbau auf kleineren Grundstücken sind Sorten wie die aus Geisenheim im Rhein-

Farben wie auf einem Aquarellgemälde! Im Oktober öffnen sich die grünen Schalen, die reifen Walnüsse fallen zu Boden.

gau stammende 'Geisenheimer Walnuss' zu empfehlen. Die Nüsse gehören zu den kleinsten im Sortiment der kleinkronigen Edelsorten, schmecken aber ausgezeichnet. Wegen des späten Austriebs ist diese Sorte durch Frühjahrsfröste kaum gefährdet.

Die 'Weinsberger Walnuss' gehört mit einem Kronenumfang im Alter von ca. 7 m zu den mittelstark wachsenden Nussbäumen und eignet sich als Solitär für alle Hausgärten in Gebieten ohne Spätfrostgefahr. Die großen Nüsse mit dem hohen Kernanteil gelten als ausgesprochen wohlschmeckend.

Nach dem Pflanzen entfernen wir lediglich Stammaustriebe, die unterhalb der gewünschten Äste entstanden sind. Da die Nüsse ohne unser Zutun vom Baum fallen, kann durchaus eine Stammhöhe von etwa 1,80 m (Hochstamm) gewählt werden, vor allem wenn der Walnussbaum in einem größeren Garten in Nähe der Terrasse steht oder ein ungehindertes Durchgehen unter den unteren Ästen erwünscht ist.

Ein Schnitt ist in den ersten Jahren kaum nötig, die Krone soll sich frei entwickeln. Erst wenn sie weitgehend fertig ist, also nach 10 Jahren und mehr, sägt man zu dicht stehende Äste heraus, damit mehr Licht in das Kroneninnere eindringen kann. Bevorzugt entfernen wir dabei dürre Äste, wie sie besonders in älteren Walnusskronen immer einmal anzutreffen sind.

Zeigt sich, dass der Kronenumfang bei der Pflanzung unterschätzt wurde, können die zu langen Äste zurückgesetzt werden. Dies sollte aber immer so geschehen, dass die maleri-

Männliche Walnussblüten (Kätzchen) und weibliche Blüten mit Fruchtknoten an ein und demselben Baum. Sie werden durch den Wind bestäubt.

sche Kronenform erhalten bleibt. Wichtig ist, dass derartige Korrekturen nur während des Sommers vorgenommen werden. Zu diesem Zeitpunkt verheilen die Wunden am besten, vor allem aber wird das »Bluten«, also starker Saftaustritt, verhindert, was unvermeidlich ist, wenn derartig grobe Schnittarbeiten im Frühjahr erfolgen.

Mein Rat

Der Walnussbaum, prächtig, aber mächtig, eignet sich nur für große Gärten.

Haselnuss

Eine Obstart, die im Garten vorwiegendZier-
wert hat, während der Nussertrag in den
meisten Fällen eine nette Nebensache ist.
Häufig kommen uns Eichkätzchen bei der
Ernte zuvor.
Haselnüsse werden bevorzugt als Groß-
strauch erzogen. Die männlichen Kätzchen
und die winzigen, roten weiblichen Blüten
befinden sich überwiegend an den 1 Jahr
alten Trieben und Zweigteilen. Die Fruchtbarkeit ist in den ersten Jahren nach der Pflanzung meist sehr gut, lässt dann aber rasch
nach. Für die regelmäßige und reiche Ernte

über einen langen Zeitraum ist eine laufende
Verjüngung notwendig.

Schnittmaßnahmen

Kleinen Haselsträuchern ohne Ballen kürzen
wir die Triebe bei der Pflanzung (Ende Oktober bis März) auf etwa 50 cm Höhe ein. Bei
größeren Sträuchern mit Wurzelballen und
bei getopften Haselnüssen, die beinahe
ganzjährig gepflanzt werden können, entfällt
der Pflanzschnitt. In den ersten 5–6 Jahren

Bereits im Februar stäuben die Haselnuss-
kätzchen. Wie die Walnuss ist die Hasel ein
Windblütler.

So sehr wir uns auch auf die Haselnüsse freuen –
oft gehen wir leer aus, denn Eichkätzchen kommen
uns zuvor.

kann man die Sträucher nun sich selbst über-
lassen. Nur zu dichte Triebe werden gelegentlich entfernt.

Ziel des Ertrags- oder Erhaltungsschnitts ist
ein lichter und lockerer aufgebauter, auch im
Inneren gut besonnter Strauch.

Nach der Jugendphase entfernt man spätestens alle 2–3 Jahre, besser jedoch jährlich,
alle blühfaulen und abgestorbenen Triebe
möglichst nah am Boden. Das gilt auch für die
überaus lästigen, oft weitab vom Strauch entstandenen, kerzengeraden Langtriebe. Außerdem schneidet man nun regelmäßig etwa ein
Drittel der dickeren, älteren Triebe aus dem
Strauch heraus und ersetzt sie durch junge,
neue Bodentriebe.

Wenn die Bildung von neuen Bodentrieben
oder die Qualität der Nüsse deutlich nach-
lässt, kann ein gründlicherer Auslichtungsschnitt erforderlich sein. Dabei belässt man
nur 8–10 vom Boden ausgehende verzweigte
Ruten und 4–6 gerade Jungruten. Alle übrigen
Triebe werden bodennah ausgeschnitten.
Jungruten die mehr als 2 m lang sind werden
eingekürzt, damit sie sich von unten her besser verzweigen.

Auf einen Blick

- Pfirsich und Aprikose benötigen jährlichen Schnitt, bei Quitte, Walnuss
und Haselnuss reicht gelegentliches
In-Form-schneiden oder Auslichten.
- Ähnlich wie bei der Sauerkirsche
entstehen Blüten und Früchte des
Pfirsichs nur an kräftigen, einjährigen Trieben. Der Pfirsichbaum sollte
deshalb regelmäßig scharf zurückgeschnitten werden.
- In unserem recht rauen Klima gedeihen Pfirsich und Aprikose am besten
als Spalier an einer warmen, geschützten Hauswand.

sollten bei der Erziehung immer auch ein bis
zwei stärkere Äste eingekürzt werden, um den
bizarren Wuchs zu erhalten. Die nachwach-
senden Jungtriebe winden sich besonders
stark. Immer wieder kommt es vor, dass die
Veredlungsunterlage durchtreibt. Diese straff
aufrecht wachsenden Wildtriebe müssen um-
gehend herausgeschnitten werden, sie über-
wuchern sonst die veredelte Sorte.

Korkenzieherhasel

Die korkenzieherartig gedrehten und gewun-
denen Triebe dieser Zierform sind durch eine
Mutation entstanden. Die Sträucher können
nur durch Veredelung vermehrt werden und
bleiben deutlich kleiner als die üblichen Sorten. Ein Rückschnitt ist kaum nötig, jedoch

Mein Rat

Haselnüsse sind nicht selbstfruchtbar.
Um die Erträge zu erhöhen, sollten zwei
verschiedene Sorten gepflanzt werden.
Zur Befruchtung eignen sich auch wilde
Haselnusssträucher in unmittelbarer Nähe.

Schnitt beim Strauchbeerenobst

Beerensträucher sind in der Pflege wesentlich unkomplizierter als Obstbäume. Ihr Schnitt ist für jeden Hobbygärtner leicht erlernbar. Gewusst wie, sorgt jährliches Verjüngen für reiche und regelmäßige Ernte – und entsprechend leckere Vorräte im Marmeladenregal der Speisekammer.

Beerensträucher richtig pflegen 110
Was ist zu beachten?

Johannisbeere 111
Pflanzung und Schnittmaßnahmen

Jostabeere 115
Tipps aus der Praxis

Stachelbeere 116
Schnittmaßnahmen, Krankheiten und Hochstämmchen

Himbeere 118
Schnitt- und Pflegemaßnahmen

Brombeere 120
Sommer- und Winterschnitt

Gartenheidelbeere und Kiwi 122
Schnitt- und Pflegemaßnahmen

Beerensträucher richtig pflegen

Guter Ertrag, hier die Stachelbeere 'Rexrot', setzt
die richtigen Pflegemaßnahmen voraus.

Mein Rat

Sämtliche Schnitt- bzw. Auslichtungsarbeiten sind beim Strauchbeerenobst
bereits nach der Ernte möglich, ja zu
empfehlen.

Im Gegensatz zu den Obstbäumen tragen
Beerensträucher bereits am einjährigen Holz,
Himbeeren und Brombeeren sogar ausschließlich an den Trieben, die im zurückliegenden Jahr entstanden sind.

Der Schnitt dient vor allem dazu, die Sträucher
ständig zu verjüngen; es bilden sich dann
lange Triebe, an denen die schönsten Früchte
hängen. **Ohne Schnitt vergreisen die Sträucher:** Es überwiegen dann Kurztriebe mit
kleineren Beeren, die Fruchtqualität lässt zu
wünschen übrig, und wir brauchen beim
Pflücken mehr Zeit. Hinzu kommt, dass sich
selbst überlassene Beerensträucher im Laufe
der Jahre viel zu dicht werden, was einen
stärkeren Befall durch Pilzkrankheiten zur
Folge hat.

Strauchbeerenobst ist selbstfruchtbar, d. h.,
die verschiedenen Arten können sich mit dem
eigenen Blütenstaub befruchten, obwohl es
für den Ertrag vorteilhaft ist, wenn zwei oder
mehr Sorten gepflanzt werden. Bei Kiwis ist
dies sogar ein »Muss«, denn Kiwis sind zweihäusig: Es gibt weibliche und männliche
Pflanzen.

Den Schnitt der Beerensträucher kann jeder
Hobbygärtner leicht erlernen. Er ist wesentlich einfacher als bei Obstbäumen, denn
wir brauchen hier nicht auf die unterschiedlichen Knospen zu achten. An den Trieben
bilden sich reichlich Blütenknospen, lediglich aus der Endknospe eines Langtriebes
entwickelt sich immer ein neuer Trieb und
keine Blüten.

Johannisbeere

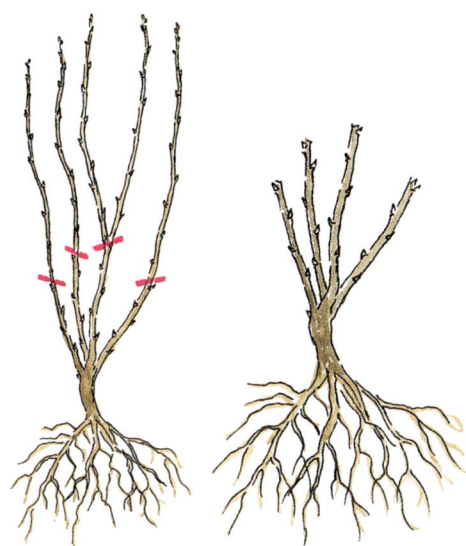

Nur bei Beerensträuchern aus dem Container ist ein Pflanzschnitt nicht nötig.

Im Gegensatz zu Obstbäumen pflanzen wir Johannisbeersträucher absichtlich eine Handbreite tiefer als sie vorher in der Baumschule gestanden haben, damit sich aus dem Wurzelstock ständig neue Triebe bilden können. So ist es möglich, die Sträucher über viele Jahre hinweg in jugendlichem Zustand zu erhalten. Andernfalls überaltert das Holz, es entstehen kürzere Trauben, und die Beeren werden kleiner.

Durch den Schnitt erzielen wir aus jungen Trieben kräftige Äste und entfernen gleichzeitig alte, abgetragene.

Bei der **Pflanzung** belassen wir nur etwa 5 kräftige Triebe, die möglichst gut verteilt sein sollen, und kürzen sie auf die Hälfte

bis ein Drittel der Trieblänge ein. Wie beim Obstbaumschnitt so gilt auch hier: Je schärfer der Rückschnitt, desto kräftiger der Austrieb.

Ein Jahr nach der Pflanzung werden alle zu dicht stehenden Triebe entfernt und die verbleibenden Triebverlängerungen um etwa ein Drittel ihrer Länge eingekürzt, um eine gute Verzweigung zu erreichen. Der Strauch ist damit aufgebaut, denn mehr als 8–12 kräftige, gut verteilte verzweigte Triebe können wir nicht gebrauchen. Diese Triebe füllen den vorhandenen Platz völlig aus. Der **Pflanz- und Erziehungsschnitt** ist bei Roter und Schwarzer Johannisbeere gleich, danach gehen wir unterschiedlich vor.

Johannisbeeren, 3-triebig als Hecke gezogen, bringen besonders große Trauben und Beeren.

Rote Johannisbeere

Bei schwachwüchsigen Sorten wie 'Heros', 'Red Lake', 'Stanza' schneiden wir auch in den folgenden Jahren den Neutrieb um mindestens ein Drittel zurück. Durch dieses jährliche Einkürzen erzielen wir kräftige, gut verzweigte Triebe und bekommen aufrecht stehende Büsche mit stabilen Trieben, die nicht auf dem Boden aufliegen. Starkwüchsige Sorten dagegen wie 'Rondom', 'Mulka', 'Rovada', 'Traubenwunder', 'Heinemanns Rote Spätlese' u. a. wachsen so kräftig, dass sich ein jährliches Einkürzen der Triebver-

An der Übergangsstelle vom 2-jährigen zum 1-jährigen Trieb sitzen an Roten Johannisbeeren zahlreiche Blütenknospen, die eine reiche Ernte versprechen.

längerungen erübrigt. Ohne Rückschnitt entwickelt sich entlang der Triebe reichlich Seitenholz, das vorwiegend kurz bleibt, ganz so, wie wir es wünschen. Nur wenn ein solcher Seitentrieb sich allzu stark entwickelt, wird er entfernt, damit der Strauch über die Jahre hinweg licht bleibt.

Regelmäßiges Auslichten

Ganz gleich, ob stark- oder schwachwüchsige Sorten: Viel älter als 4–5 Jahre sollten die Triebe bei Roter Johannisbeere nicht werden. Wir entfernen deshalb jährlich 1–2 der älteren Triebe – erkenntlich am dunkleren Holz – und lassen dafür die gleiche Anzahl von kräftigen, aus dem Boden kommenden Jungtrieben stehen. Alle übrigen Bodentriebe werden bereits im Sommer weggeschnitten, damit der Strauch ständig licht bleibt.

Johannisbeeren treiben sehr früh aus, deshalb Winterschnitt im Februar beenden.

Auslichten alter Johannisbeersträucher

In vielen Gärten stehen Büsche mit 30, 40 oder noch mehr dünnen, mageren Trieben, die noch nie eine Schere gesehen haben. Die Früchte bleiben klein und sauer, das Ernten macht keinen Spaß. Hier hilft nur kräftiges Auslichten.

Bei über Jahre hinweg ungepflegten Sträuchern entfernen wir vorrangig alle zu dicht stehenden, dünnen, überalterten sowie die am Boden aufliegenden Triebe, so dass die noch verbleibenden weitgehend frei stehen.

Ein alter, ungepflegter Johannisbeerstrauch. Solch dichte Sträucher stehen in vielen Gärten. Die Beeren bleiben klein und schmecken säuerlich.

Der gleiche Strauch nach dem Auslichten. Dabei wurden schwache, auf dem Boden aufliegende, sehr alte und zu dicht stehende Triebe entfernt.

In Verbindung mit einer Düngung entwickeln sich nach einer derartigen Verjüngungskur bald reich tragende Sträucher.

Sind die Sträucher vergreist und extrem dicht, kann noch radikaler vorgegangen werden: Wir schneiden sämtliche Triebe bodeneben ab. Aus dem Wurzelstock entstehen dann zahlreiche Triebe, aus denen wir die kräftigsten, möglichst gut verteilten, auswählen und einen neuen Strauch mit 8–12 Trieben aufbauen. In diesem Jahr gibt es dann zwar keine Ernte, nach 2 Jahren können wir aber umso mehr Beeren bester Qualität pflücken. Dies alles gilt in gleichem Maße für Stachelbeersträucher.

Wenn wir bereits im Sommer die älteren und die überzähligen Neutriebe entfernen, werden die verbleibenden Triebe im Wachstum stärker gefördert und die Blätter besser belichtet. Wir können aber auch noch im Herbst oder Winter schneiden. Nur: Beerenobst treibt sehr

zeitig im Frühjahr aus, bis dahin sollte der Schnitt beendet sein.

Schwarze Johannisbeere

Schwarze Johannisbeersträucher bringen die besten Erträge an einjährigen Trieben, also an Trieben, die sich im zurückliegenden Jahr entwickelt haben. Wir schneiden deshalb gleich nach der Ernte die abgepflückten

Mein Rat

Weiße Johannisbeersträucher werden wie Rote geschnitten. Sie bringen zwar geringeren Ertrag als Rote, eignen sich aber wegen ihres Aromas vorzüglich zum Frischgenuss.

Die abgetragenen Triebe schneiden wir bei oder gleich nach der Ernte auf Jungtriebe zurück, die sich aus dem alten Holz entwickelt haben.

Bei der Schwarzen Johannisbeere sind Ernte und Schnitt in einem Aufwasch möglich.

Triebe bis auf Jungtriebe zurück, die sich meist aus ihrem unteren Drittel entwickelt haben, bzw. entfernen diese dicht über dem Boden, wenn sich an ihnen kein Neutrieb zeigt. Kräftige Triebe, die aus dem Wurzelstock kommen, bleiben erhalten, wenn sie genügend Platz haben.

Mein Rat

Sehr bequem ist es, Ernte und Schnitt bei der Schwarzen Johannisbeere in einem Arbeitsgang durchzuführen. Wir schneiden dabei die mit reifen Früchten behangenen Triebe bis auf Jungtriebe zurück und können dann die Beeren bequem im Sitzen auf der Terrasse oder in einem Raum abpflücken.

Auf diese Weise bestehen die Sträucher fast nur aus jungen Trieben, die sich nach dem sommerlichen Schnitt noch kräftig bis zum Herbst hin entwickeln können und bereits im nächsten Jahr reich tragen.

Bei dieser Methode bestehen die Schwarzen Johannisbeersträucher nicht nur aus 8, sondern weit mehr Trieben, die aber kaum verzweigt sind und deshalb genügend Platz haben. Nur wenn der eine oder andere Trieb zu dicht steht, wird er auf Bodenhöhe weggeschnitten.

Falsch wäre es, die nach dem Schnitt im Strauch verbleibenden kräftigen Jungtriebe einzukürzen. Dadurch bekämen wir zwar zahlreiche neue Triebe, die Ernte würde aber wesentlich verringert, denn gerade im oberen Drittel der einjährigen Triebe hängen die meisten Beeren. Nur einzelne, über den ganzen Strauch verteilte Jungtriebe sollten um etwa ein Drittel zurückgeschnitten werden, um so die Neutriebbildung zu fördern.

Jostabeere

Bei dieser Kreuzung zwischen schwarzer Jo(hannisbeere) und Sta(chelbeere) genügt ein jährliches mäßiges Auslichten, damit genügend Luft und Licht an die Blätter gelangt. Wie bei Johannis- und Stachelbeere kann der Auslichtungsschnitt gleich nach der Ernte vorgenommen werden. Wer um diese Zeit nicht dazukommt, holt die Arbeit im Winter nach. Störende überhängende Triebe können eingekürzt werden.
Die Büsche der Jostabeere sollten mindestens 2,50 m, noch besser 3 m voneinander entfernt stehen.

Bei der Jostabeere genügt alljährlich ein mäßiges Auslichten.

Ein wüchsiger Roter Johannisbeerstrauch, der sich auf offenem, im Sommer gemulchtem Boden prächtig entwickelt hat. Zum Herausnehmen alter und zu dicht stehender Triebe ist eine Astschere geeignet.

Stachelbeere

Während Johannisbeersträucher tief gesetzt werden, damit sie sich ständig durch Triebe aus dem Wurzelstock erneuern, ist dies bei Stachelbeerbüschen nicht erwünscht. Ein zu tiefes Pflanzen führt hier zu zahlreichen meist schwachen Bodentrieben, die Jahr für Jahr zu entfernen sind. Andernfalls würden die Sträucher zu dicht. Auch bei normaler Pflanztiefe entstehen noch genügend Bodentriebe, die zur Erneuerung des Strauches dienen.

Der **Pflanzschnitt** erfolgt wie bei Johannisbeeren. Im 2. Jahr entwickeln sich aus den belassenen eingekürzten Leittrieben und aus dem Wurzelstock zahlreiche Jungtriebe. Beim

Solche Fruchtqualität gibt es bei Stachelbeeren vor allem an 1- und 2-jährigen Trieben.

Schnitt im darauf folgenden Winter verbleiben von den Bodentrieben nur die 2–4 kräftigsten, soweit wir sie zum Auffüllen von Lücken gebrauchen können. Sie werden um ein Drittel eingekürzt, während alle übrigen Triebe ohne Rückschnitt bleiben – es sei denn, an den Triebspitzen zeigt sich Stachelbeermehltau. Auch bei Stachelbeeren genügen meist 8–12 kräftige, gut verzweigte Triebe, wobei ein- und zweijährige Triebe besonders wertvoll sind.

Triebe, die älter als 3 Jahre sind – erkenntlich am dunkleren Holz – werden möglichst entfernt und an ihrer Stelle wieder Jungtriebe nachgezogen.

Das Auslichten geschieht am besten gleich nach der Ernte, denn zu diesem Zeitpunkt sind uns die »stachligen Erfahrungen« noch in bester Erinnerung, und wir sind bei der Arbeit nicht gar so zimperlich.

Sollte **Amerikanischer Stachelbeermehltau** auftreten, kürzen wir im Winter sämtliche Triebspitzen bis auf das gesunde Holz ein. Sind die Jungtriebe dagegen gesund, erübrigt sich das Einkürzen. Die Beeren hängen dann entlang der Jungtriebe bis zur Spitze hin wie an einer Perlenkette.

Seitliche Verzweigungen, wie sie an zwei- und dreijährigen Trieben vorhanden sind, können wir teilweise auf etwa 2 Augen, also auf kurze Stummel einkürzen; dadurch kommt mehr Licht in den Strauch bzw. in die Hochstammkrone. Es ist auch möglich, **alle** seitlichen Triebe auf Stummel zurückzuschneiden. Dann

Das dichte Triebgewirr in diesem Stachelbeer-Hochstämmchen besteht vorwiegend aus wertvollen 1- und 2-jährigen Trieben.

Beim Schnitt wurden die zu dicht stehenden Triebe entfernt, ein ganzer Korb voll. Trotz scheinbar sehr lichter Krone gibt es nun eine reiche Ernte.

gibt es zwar weniger, aber besonders große Beeren.

Überalterte, seit Jahren ungepflegte zu dichte Sträucher werden genauso ausgelichtet bzw. radikal verjüngt wie Johannisbeeren (siehe Seite 113).

Stachelbeer-Hochstämmchen

Stachelbeer-Hochstämmchen haben leider keine so lange Lebensdauer wie Sträucher. Die Sorte ist hier auf 90–110 cm lange Ruten der sehr gerade wachsenden Goldjohannisbeere veredelt.

Während bei Johannisbeeren der Strauch vorzuziehen ist, rate ich bei der Stachelbeere zum Hochstamm. Wir können den Boden darunter noch anderweitig nutzen, vermeiden den Ärger mit allzu vielen stachligen Bodentrieben und können Schnitt und Ernte stehend, also recht bequem vornehmen.

Wichtig ist, dass ein Hochstämmchen sowohl am Stamm als auch in der Krone an einem Pfahl angebunden wird, den wir immer einmal wieder auf Stabilität überprüfen.

Der **Schnitt** ist ähnlich wie beim Strauch: Bei der Pflanzung kräftiger Rückschnitt. In den kommenden Jahren dafür sorgen, dass die Krone licht bleibt und stets lange Jungtriebe nachziehen, an denen dann die köstlichen Beeren wie an einer Perlenkette hängen. Zu dicht stehende Jungtriebe nehmen wir am besten bereits im Frühsommer, also noch vor der Ernte heraus, so dass alle verbliebenen Teile einschließlich der Früchte gut belichtet werden. Da es bei Hochstämmchen keine Bodentriebe gibt, erfolgt die Erneuerung aus dem Kroneninneren.

Mein Rat

Stachelbeer-Hochstämmchen bringen zusätzlich einen Hauch von Romantik in den Garten – und außerdem können wir von ihnen bequem im Vorbeigehen naschen.

Himbeere

Abgetragene Himbeerruten gleich nach der Ernte bodeneben abschneiden, ebenso zu dicht stehende.

Im Garten werden Himbeeren meist einreihig mit 40 cm Abstand entlang eines Spaliergerüstes gepflanzt. Die Ruten wachsen dann zwischen längs gespannten Drähten hoch und können dadurch nicht auseinander fallen oder werden einzeln an Drähten befestigt.

Beim **Pflanzschnitt** kürzen wir die Ruten auf 30 cm ein. Verbleiben sie in ihrer ursprünglichen Länge, gibt es zwar bereits im Pflanzjahr einen kleinen Ertrag, doch bilden sich dann nur wenige Jungtriebe.

Der **weitere Schnitt** ist sehr einfach: Die Jungtriebe, die sich während eines Jahres aus dem Wurzelstock entwickeln, bilden ab dem nächsten Frühjahr kurze seitliche Triebe, an deren Spitze sie blühen und tragen. Anschließend sterben sie ab; sie vertrocknen und werden dürr.

Gleich nach der Ernte, also noch im Sommer, schneiden wir alle abgetragenen Ruten dicht über dem Boden ab. Ebenso werden alle schwächeren Jungtriebe entfernt, so dass nur etwa 6 kräftige Ruten je Pflanze bzw. 8–12 Ruten je Meter Pflanzreihe verbleiben.

Herbsthimbeeren wie 'Autumn Bliss' ('Blissy'), 'Himbo Top' oder 'Polka' tragen an den einjährigen Ruten. Der Schnitt ist besonders einfach. Wir entfernen sämtliche Ruten gleich im Anschluss an die letzte Ernte im Herbst (nach dem Laubfall), spätestens jedoch Ende Februar.

Bei Himbeeren die abgetragenen Triebe nach der Ernte entfernen! Der besseren Übersicht wegen sind hier die Triebe ohne Blätter gezeigt.

Eine vorbildliche Himbeerreihe am Spaliergerüst. Den Boden darunter mulchen, damit sich die Feuchtigkeit den Sommer über lange hält. Dies hat sich außerdem vorbeugend gegen die Himbeer-rutenkrankheit bewährt.

Brombeere

Auch bei dieser Beerenobstart ist ein Spaliergerüst erforderlich. Bei der Pflanzung im Frühjahr erfolgt bei Brombeeren im Container, wie
sie heute meist angeboten werden, kein
Rückschnitt.

Die im Laufe des Sommers entstehenden
Jungtriebe binden wir an den Drähten an.
Geiztriebe, also Triebe, die in den Blattachseln entstehen, werden bis auf 1 Blatt eingekürzt. Im Winter nach der Pflanzung entfernen
wir alle Triebe bis auf 3 besonders kräftige
und kürzen diese um die Hälfte ein.
Im 2. Jahr nach der Pflanzung wachsen dann

Beim Sommerschnitt werden die Geiztriebe auf
2–4 Blätter eingekürzt, sobald sie etwa 40 cm
lang sind.

Bei Brombeeren darf der Sommerschnitt nicht
übersehen werden. Andernfalls entsteht ein Triebgewirr, in dem die Ernte wenig Spaß macht.

aus dem Wurzelstock eine größere Anzahl
junger Triebe. Von diesen belassen wir nur die
6 kräftigsten und binden sie an den Drähten
nach links und rechts an. Da Brombeeren
frostempfindlich sind, empfiehlt es sich, diese
Tragruten den Winter über auf den Boden zu
legen, mit Stroh oder Fichtenzweigen abzu-
decken und erst im Frühjahr am Drahtspalier
anzubinden.

Die wichtigste Arbeit ist der **Sommerschnitt.**
Versäumen wir ihn, entsteht in kurzer Zeit ein
Triebgewirr, in dem man sich kaum mehr zu-
rechtfindet. Doch dieser Schnitt ist recht einfach: Wir kürzen die während des Frühsom-

mers aus den Blattachseln der jungen Triebe entstehenden Geiztriebe auf 2–4 Blätter ein, sobald sie etwa 40 cm Länge erreicht haben. Je mehr Augen am Geiztrieb verbleiben, umso höher wird die Ernte im kommenden Jahr, doch bleiben die Beeren dann kleiner. Der Sommerschnitt sollte im Juli/August bei Bedarf wiederholt werden. Im Herbst werden in raueren Lagen die jungen Ranken wiederum auf den Boden gelegt und abgedeckt.

Den **Winterschnitt** führen wir nach den letzten stärkeren Frösten, also erst im Frühjahr durch. Dabei werden alle im letzten Jahr mit Beeren behangenen Triebe bodeneben entfernt. Von den im Laufe des Vorjahres entstandenen Jungtrieben belassen wir nur die 6 kräftigsten und binden sie an die Drähte zu beiden Seiten der Pflanze. Dieses Binden kann bei sehr langen Ranken auch bogenförmig geschehen – oder wir kürzen deren Spitzen ein.

Die in genügendem Abstand an den Drähten befestigten Jungtriebe bringen den Ertrag, während gleichzeitig aus dem Wurzelstock neue Triebe herauswachsen. Von diesen wählen wir wiederum die 6 kräftigsten aus und binden sie an den noch freien Drähten an.

Um ein System in die Arbeit zu bringen, können wir in dem einen Jahr die 6 ausgewählten neuen Triebe links und rechts von der Pflanzenmitte an den 1., 3. und 5. Draht binden, während die Jungtriebe des nächsten Jahres am 2., 4. und 6. Draht befestigt werden. An den anderen Drähten befinden sich dann die im betreffenden Jahr tragenden Ruten. Eine andere Möglichkeit: In dem einen Jahr werden die 6 belassenen Jungtriebe links von der Pflanzenmitte an die Drähte angebunden,

Wenn sich die Brombeerblätter herbstlich gelb und rot färben, ist Erntezeit, die Beeren sollten dann tiefschwarz sein.

während sich rechts davon die 6 tragenden Triebe befinden. Und: Alljährlich den Sommerschnitt durchführen!

Brombeerspalier an einer Holzhütte. Im Frühjahr die alten, abgetragenen Ruten entfernen, die jungen locker verteilt anbinden.

Gartenheidelbeere

Bei Gartenheidelbeeren beschränkt sich der Schnitt auf ein Auslichten, wir entfernen abgestorbene und zu dicht stehende Triebe.

Der **Schnitt** der Gartenheidelbeere ist denkbar einfach: Bei der Pflanzung werden die Langtriebe um ein Drittel, auf etwa 30–40 cm eingekürzt und schwache Triebe ganz entfernt. Ein weiterer Schnitt ist erst nach 3–4 Jahren nötig. Er beschränkt sich auf ein Auslichten des alten Holzes, d. h., wir beseitigen alljährlich die abgestorbenen und zu dicht stehende Triebe. Später empfiehlt sich Verjüngen.

Mein Rat

Wichtigste Voraussetzung für den Erfolg mit Heidelbeeren ist ein saurer Boden, denn sie sind überaus kalkempfindlich.

Kiwi – exotische Schlingpflanze

Wirklich üppig wachsen Kiwis ausschließlich in subtropischen Regionen. Bei uns gedeihen sie nur in Weinbaugebieten oder an sehr geschützten Stellen, wobei die Früchte aber deutlich kleiner bleiben.

Auch Kiwis wollen sauren Boden. Ist er zu kalkreich, so tritt Chlorose auf: Die Blätter bekommen ein ungesund gelbliches Aussehen und braune Blattränder.

Kiwis sind im Gegensatz zum übrigen Strauchbeerenobst **zweihäusig.** Die Pflanzen bringen entweder nur männliche oder ausschließlich weibliche Blüten hervor. Um eine Ernte zu bekommen, genügt es jedoch, wenn neben mehreren weiblichen Pflanzen 1 männliche steht.

Kiwis sind **Schlingpflanzen,** d. h., sie benötigen ein Spaliergerüst oder Drähte, an denen sie sich festhalten bzw. die kräftigen Lang-

Reiche Kiwi-Ernte, sogar in über 600 m Höhe. Die Pflanzen stehen allerdings in geschützter Lage an einer Hauswand.

triebe angebunden werden können. Der Fruchtansatz erfolgt ausschließlich an einjährigen Kurztrieben. Beim Schnitt kommt es deshalb darauf an, dass sich die Pflanzen gut mit Fruchtzweigen garnieren, dabei aber licht bleiben. Fruchtholz, das älter als 3 Jahre ist, bringt geringere Erträge und kleinere Früchte. Wir sorgen deshalb für eine laufende Erneuerung des Fruchtholzes entlang der Hauptäste.

Beim **Winterschnitt** im Februar/März werden nach abgeschlossenem Aufbau der Hauptäste alle an diesen befindlichen starken und zu dicht stehenden Jungtriebe entfernt, ebenso das abgetragene Fruchtholz. Die verbleibenden Jungtriebe, die wir um etwa ein Drittel bis zur Hälfte einkürzen, dienen der Fruchtholzerneuerung. Zusätzlich erfolgt ein **Sommerschnitt** im Juli/August, wenn die Früchte walnussgroß sind. Dabei wird jeder Trieb über dem 5.–6. Blatt knapp oberhalb der Früchte gekappt.

Auf einen Blick

- Im Gegensatz zu Obstbäumen tragen Beerensträucher bereits am 1–3 jährigen Holz.
- Werden die Sträucher nicht regelmäßig durch Schnitt verjüngt, überwiegen Kurztriebe mit kleinen, minderwertigeren Beeren.
- Auch alte, über Jahre ungepflegte Sträucher können nach einer Verjüngungskur wieder reich tragen.
- Anfangs jährliches Einkürzen der Roten Johannisbeere sorgt für kräftige, aufrecht stehende Büsche.
- Schwarze Johannisbeeren bringen die beste Ernte an einjährigen Trieben.
- Stachelbeersträucher haben als Hochstämmchen eine höhere Lebensdauer.
- Himbeeren und Brombeeren tragen am besten, wenn sie an einem Spaliergerüst gezogen werden.

Neben weiblichen Pflanzen (Bild) ist bei Kiwis mindestens eine männliche nötig, um die Befruchtung zu sichern.

'Weiki', eine kleinfrüchtige, schmackhafte Kiwi, wurde am Institut für Obstbau der TU München/Weihenstephan ausgelesen.

Adressen, die Ihnen weiterhelfen

Obstarten
(alte und neue Sorten)

Baumschule Hermann Cordes
Pinneberger Straße 247 a
25488 Holm/Holstein

Wilhelm Dierking
Beerenobst
Kötnerende 11/OT Nienhage,
29690 Gilten
Tel.: 0 50 71/29 32
(Spezialbetrieb für Gartenheidel-
beeren und Preiselbeeren)
www.dierking.de

Geisenheimer Baumschulen
Rebenweg
65366 Geisenheim/Rh.
Tel.: 0 67 22/7 56 22
(Veredlungsunterlagen)
www.geisenheimer-baum-
schule.de

Obstbaumschule Kiefer
Sonnengasse 6
77799 Ortenberg-Käfersberg
Tel.: 07 81/3 15 18
(Alte und neuere Obstsorten)

Häberli
Regionale Bezugsquellen unter
www. www.haeberli-beeren.ch/
de/hobbygaertner/quellen
Versand:
Kayser & Seibert
Odenwälder Pflanzenkulturen
Wilhelm-Leuschner Str. 85
64380 Rossdorf (Deutschland)
Tel. 0 61 54/90 68
Fax 0 61 54/8 20 69
www.kayser-und-seibert.de

Klaus Ganter
Baumweg 2
79369 Wyhl/Kaiserstuhl
www.ganter-baden.de
(Umfangreiches Sortiment alter
und neuer Sorten, krankheitsre-
sistente Neuzüchtungen)

Baumschulen Müller
Götzstraße 40
84032 Altdorf
Tel.: 01 72/8 55 18 55
Fax: 07 21/1 51 41 86 88
www.baumschule-mueller.com

Baumschule Gerhard
Baumgartner
Nöham, Hauptstr. 2
84378 Dietersburg
Tel.: 0 87 26/2 05
Fax: 0 87 26/13 90
(Sortiment alter Sorten)
www.baumgartner-
baumschulen.de

Baumschule Brenninger
Hofstarring 2
84439 Steinkirchen
Tel.: 0 80 84/25 99 01
Fax: 0 80 84/25 99 09
(Sortiment alter Sorten u. a.)
www.brenninger.de

Pflanzen Hofmann GmbH
Hauptstr. 36
91094 Langensendelbach
Tel.: 0 91 33/46 87
(Neue Obstsorten, krankheitsre-
sistente Sorten, Walnussverede-
lungen u. a.)
www.baumschule-hoffmann.de

Baumschule Friedlein
Mittlere Dorfstr. 23
97877 Wertheim
Tel.: 0 93 42/65 63
(Zwergapfelbäume, doppelte U-
Formen von Äpfeln und Birnen in
verschiedenen Sorten für Spaliere)
www.baumschule-friedlein.de

Garten-Baumschule Münkel
Talsiedlung 6
97900 Külsheim-Hundheim
Tel.: 0 93 45/4 00
(Alte und neuere Obstsorten)

Österreich

Artner
Waldviertler Bio-Baumschule
Reichenau am Freiwald 9
A-3972 Bad Großpertholz
Tel.: +43/(0)28 57/29 70
www.artner.biobaumschule.at
(Großes Sortiment alter Sorten
und Raritäten)

Geräte und Zubehör

Waagrechtstellen von Trieben
Gärtnermeister Maurus Senn
Postfach 12 72
71655 Vaihingen
Tel.: 0 70 42/1 64 92
(Astklammern, Himbeer-Befest-
igungssystem, Baumbänder)
www.wesilaun.de

Leitern
Leitern-Krämer
Siemensstraße 17
70825 Münchingen b. Stuttgart
Tel.: 0 71 50/9 57 80

Krämer GmbH
Heinrich-Heine Str. 32
72535 Metzingen
Tel.: 0 71 23/9 29 10
Fax: 0 71 50/95 78-80
(Alu-Leitern mit Stützen)
www.kraemer-leitern-
zaeune.de/

Leitern-Brodbeck
Metzinger Str. 47
72555 Metzingen-Neuhausen
Tel.: 0 71 23/1 49 61
www.ski-sport-brodbeck.de

Gartenbedarf-Versand Ward
Günztalstr. 22
87733 Markt Rettenbach
Tel. 0 83 92/16 46
Fax 0 83 92/12 05
www.tiroler-steigtanne.de

Stichwortverzeichnis

Seitenzahlen mit * verweisen auf Abbildungen

Ableiten 27, 46, 47
Abspreizen 44*
Abziehstein 32
Amerikanischer Stachelbeer-
  mehltau 116
'Ananasrenette' 11
Apfel 47*, 49*, 54
– Frühsorte 'Mantet' 10*
– 'Golden Delicious' 62
– 'Goldparmäne' 54
– Halbstamm 17*
– 'James Grieve' 62
– 'Rewena' 11
– Seitenäste 41*
Apfel-Hochstamm 41*
–, Schnitt* 40*
Apfelspalier 67
Aprikose 54, 99*, 102
Äste 21
Astring 22
Auge 20
–, schlafendes 21
Auslichten 49*, 50, 51, 55*
– ungepflegter Bäume 49, 82

Ballerina-Bäumchen 58*
'Ballerina' 94
Bäume, ungepflegte auslichten
  82
Baumform, ideale 37
Baumkronen 9
Baumsäge 31
Baumschere 31, 51
Beerensträucher 110
Binden 23
Birn-Spindelbüsche 57
Birnbaum 42*
Birne 47, 54, 57, 68
– 'Clapps Liebling'* 68
Birnenspalier 67, 67*, 72*

Blattknospen 15*, 20
Blütenknospen 15*, 20
Brombeere 120*
Brombeerspalier 121*
Bügelsäge 32
Bukettzweige 19
Buschbaum 36, 76, 86, 89

Einkürzen 51
Endknospe 15*
entspitzen 45, 72
Erziehung 11
Erziehungsschnitt 16, 39, 40,
  43, 45, 61, 77, 77*, 78, 86, 89,
  98

Fächerspalier 68
–, naturgemäßes 67
Falsche Fruchttriebe 99
Formbäume, mehrarmige 70
Formobstbäume 73
Formspalier, strenges 67
Frostwunden 30
Fruchtbogen 48
Fruchtholz 15*, 16, 17, 48, 55
Fruchtholzbehandlung 92
Fruchtholzerneuerung 47, 93
Fruchtholzverjüngung 48
Fruchtknospen 20
Fruchtkuchen 15*, 17
Fruchtqualität 9, 10, 49
Fruchtruten 16
Fruchtspieße 16
Fruchttriebe 18
Frühjahrspflanzung 36

Gartenheidelbeere 122, 122*
'Geisenheimer Walnuss' 105
Geiztriebe 120
Gesetzmäßigkeiten 12
Gleichgewicht, Krone 46
Gummifluss 54

Halbstamm 36, 58, 76, 86
Haselnuss 106
Herbstpflanzung 36
Himbeere 118
Hippe 29, 32
Hirschgeweih 73
Hochbinden 25
Hochstamm 36, 58
Holzknospen 20
Holztriebe 19, 72

Ideal-Krone 45
Instandhaltungsschnitt 45, 46*,
  48, 61, 80, 86, 90

Johannisbeere 111
–, Rote 112
–, Schwarze 113, 114*
Johannisbeerstrauch 113
–, Roter 115*
Jostabeere 115, 115*

Kernobst 16, 19
Kirschblüte 87*
Kirsche 54
Kirschenunterlage 95, 95*
Kiwi 122, 122*
Kleiderhaken 28
Kleinfrüchtigkeit 54
Knospen 20
Konkurrenztrieb 19
–, Erziehungsschnitt 42
Korkenzieherhasel 107
Korrektur 23
Krebswunden 30
Krone, belichtet 42
–, verwahrloste 50
Kronengerüst 14, 15

Lage, waagrechte 24
Leichtmetall-Leiter 33

Leitäste 39, 41
– auswählen 37
Leiter 32

Messer 29
Meterstamm 76*
Mirabelle 79
'Morellenfeuer' 92

Nachbehandlung 52
Neutrieb 22

Oberseitenförderung 12, 25
Obstbäume, alternde 51
–, gepflegte 45*
Obstbaumschnitt 9, 10, 12
Obsthecke 64, 66
–, Schnitt 65
– ziehen 65

Pfirsich 17, 54, 98, 100*, 101
–, Triebe 99*
Pflanzabstand 57
Pflanzschnitt 36, 40, 58, 77, 83, 86, 89
– beim Halb-, Hochstamm und Buschbaum 38*
Pflanzung, fehlerhafte 63
Pflaume 30, 54, 76, 82*
Pilzkrankheiten 9
Pinzieren 72*

Quitte 103

Reaktion des Baumes 13
Reiter 13, 47
Rindenrisse 30
Ringelspieße 16
Rückschnitt 11, 14, 26, 39
–, schwacher 13
–, Stärke 41
–, starker 13

Saftwaage 23, 39
Säge 27
Sägen 26, 28
Sauerkirsche 17, 89, 92
– Buschbaum 90*
Schattenmorelle' 92, 94*
Scheitelpunkt 25
Scheitelpunktförderung 13, 48*
Schere 26, 27
Schneiden 26
Schnitt 36
Schnitt alter Schattenmorellen 93
Schnittgesetze 14
Schnitthilfen 23
Schnittwerkzeuge 31
Schnittwunde 28
Schutznetz 88*
Seitenäste, Erziehung 41
Sommerriss 30
Sommerschnitt 30, 43, 44, 45, 71, 120
Sorte, schorfempfindliche 10
Spalier 22, 67, 101
–, locker aufgebautes 67
Spalierobstbäume 71
Spindel 59*
–, schlanke 58
Spindelbusch 22, 36*, 57, 60, 61*
–, Pflanzschnitt 60*
Spitzenförderung 12
Spitzwinklig angesetzte Triebe 37
Splintholz 70
Spreizen 23
Spreizhölzer 23, 24*, 40
Stachelbeer-Hochstämmchen 117
Stachelbeere 116, 116*
Stammverlängerung 39
Ständer 22, 47
Ständertriebe 13
Stangensäge 49*
Steinobst 17, 19, 39
Steinobstarten 16, 54
Strauchbeerenobst 110
Stummelschnitt 9*, 81
Stützleiter 33

Süßkirsche 86, 91
–, klein bleibende 87
–, Selbstfruchtbare 88
– Spindelbusch 87

Terminalknospe 13
Triebe 13, 22
– stark wachsende 44
– waagrecht binden 44
Triebformen 18, 98
– Apfel 18*
– Birne 18*
– Sauer- und Süßkirsche 18*
– Zwetsche, Pflaume 18*

Überwallen 29
Unterlage 11, 57, 65, 87, 94

Veredlung, einjährige 59
vergreisen 110
Verjüngen 51, 52, 56, 63
Verlängerungstriebe 40, 42

Waagrechtbinden 25
Walnuss 104
Walnuss* 104
Walnussblüten* 105
Wasserschosse 20, 21, 22, 47, 50, 55
Werkzeug 32, 51
Winterschnitt 70, 123
Wuchsstärke 40
Wundbehandlung 26, 29
Wunden, große 30
Wundenpflege 29
Wundheilung 30
Wundverschlussmittel 29, 29* 30, 51
Wurzeln 36

Zeitpunkt 54
Zweige 22
Zwetsche 30, 54, 76, 80

Über den Autor

Martin Stangl ist graduierter Ingenieur für Gartenbau. Nach gärt-
nerischer Lehre, Gehilfenzeit und Studium in Weihenstephan war
Martin Stangl bei der Bayerischen Landesanstalt für Pflanzenbau
und Pflanzenschutz, an den Regierungen für Unter- und Mittel-
franken und als Landesfachberater der Bayerischen Kleingärtner
tätig. Auf der IGA ´83 in München war er verantwortlich für die in-
ternationale Fachpresse. Außerdem war er vereidigter Sachver-
ständiger. Als freier Gartenschriftsteller veröffentlichte er jahr-
zehnte lang sein Wissen in zahlreichen Büchern und Zeitschriften.

**Bibliografische Information
Der Deutschen Bibliothek**
Die Deutsche Bibliothek verzeichnet diese Publi-
kation in der Deutschen Nationalbibliografie;
detaillierte bibliografische Daten sind im Inter-
net über http://dnb.ddb.de
abrufbar.

Bildnachweis

Alle Fotos von Martin Stangl, außer:

Baumjohann: 49ol, 49or, 118
Krohme: 33l, 49ul, 72, 78, 9or
Redeleit: 87
Reinhard: 4, 34/35, 59, 73, 74/75, 84/85,
    96/97, 98, 99u, 101, 103, 104, 106r, 108/109,
    111, 115o, 116, 119, 120, 121o, 122o

Grafiken: Heidi Janiček

Überarbeitete und erweiterte Neuausgabe des
Titels »Obstbaumschnitt« aus der Reihe »BLV
Garten Plus«.

BLV Buchverlag GmbH & Co. KG
80797 München

© 2009 BLV Buchverlag GmbH & Co. KG
München

Umschlagfotos: Lianem/Fotolia (Vorderseite),
Reinhard (Rückseite)

Lektorat: Dr. Thomas Hagen
Fachliche Bearbeitung: Christel Rupp
Redaktion: Redaktionsbüro Wolfgang Funke,
Augsburg

Herstellung: Hermann Maxant
Satz: Uhl + Massopust, Aalen

Gedruckt auf chlorfrei gebleichtem Papier

Printed in Germany · ISBN 978-3-8354-0515-8

Der zuverlässigste Berater

Martin Stangl
Obst aus unserem Garten
Das Standardwerk für Hobby-Obstgärtner: die besten
Sorten von Baum-, Strauch- und Beerenobst · Alles über
Pflanzung, Pflege, Ernte und Verwertung · Mit Arbeits-
kalender: die wichtigsten Aufgaben rund ums Jahr.
ISBN 978-3-8354-0411-3

Bücher fürs Leben.